打開天窗 敢說亮話

U0063409

WEALTH

天窗出版

懶系投資法

風中追風　著

目錄

推薦序

皮老闆

原名七十後男主人，著名財經博客，不靠樓而月入超過十萬港幣，現已財務自由。
http://hk70s.blogspot.com/

我與風中追風，最初是以文會友，從ＢＬＯＧ界相識的。他比我更早投資債券等固定收益資產。風中追風，別人可能以為是一場空，可是，當人走遠一點，眼光放遠一點，觸碰到的雖未為實體，但卻感覺更為真實。

正因香港太多資訊，而資訊來源及提供者卻十分單一，就如一般人讀書打工買樓退休一樣，走著一樣的路，把生命中沿途美好的風景錯過了。

風中追風的個人網誌，或可帶你到一片新天地，而這書更是當中精要，選股債心得及技巧更是網誌甚少提及的！而他對財自、回報率以及風險的看法亦有獨到見解，初接觸者需未必認同，或可轉個視角學習一些財經台不會告訴你的，或會令自己整個投資組合更為穩固呢！

講及投資，大部份人都集中港樓及港股。談及美股、債券、優先股、外國REITs等，通常大家都說不了解／遲一點學習／風險是否很高／現在感覺良好，結果繼續維持現狀。

大眾對風險的理解，可能投資一支大上大落的股票，只要輸一年，便把幾年回報拉低了。此書中幾種不同種類的固定收益資產，只要選擇得宜，除現金流外，還可穩定地跑贏不少股票資產呢！

至於買股票，資訊單一情況亦如是，大部份人都是經銀行買，手續費、存倉費、收股息費一堆。有些人經本地證券商，佣金雖便宜但能投資的地域有限。和朋友談及外國證券商，又會有人質疑其安全性，風兄輕鬆以外國證券商市值及一些簡單數據ＫＯ這些謬誤，真令人大快人心！

現在資訊氾濫年代依然抱殘守缺固步自封，豈不可笑？風兄這本書價格相宜，又何必去花費大金錢去上課學一些看似陌生但其實易學懂的投資物？

不了解的，何止投資？對財自生活的理解，大眾亦存有不少疑惑和恐懼。

風中追風兄與我都是財自人，生活輕鬆沒壓力，所遇到的別人的眼光卻頗為相同。同樣被問及沒有工作後如何打發時間，問的人雖不同，但問題及回應卻一樣。未財自的原因有好多，其中包含恐懼和不了解，期待風兄下一本書提議一些財自的生活態度給他們。

或許你現時持有大量領展，正享受資產增值非常興奮，不妨望望此書，透過固定資產加槓桿後，每年有１０％以上收益也不錯呢！

推薦序

止凡

財經博客,部落格「取之有道」瀏覽量超過百萬,《跟著價值走的12堂課》、《財富未來》、《財商有價》、《積財有技》、《不讓自己陷入中產貧窮——尋找財務自由的關鍵之路》等多本財經書籍作者,《iMoney》雜誌、《商周財富網》專欄作家。
http://cpleung826.blogspot.com/

實不相瞞,與風兄沒有深交,一直以來,大家於網上交流而彼此認識。直至近期才有幸於一次飯局中見過風兄真人,直至寫序之時,就只是見過那一次。

據我所知,風兄雖是香港人,但早已到台灣搞生意。前幾年,太太因病而在港照顧,直至太太過身後才攜女回台。雖這些都是個人私事,但風兄也於其blog內分享過,所以我也不怕說說,可讓更多讀者知道風兄背景。

這類私人事,一般人都不想多提,即使朋友間也少說,何況是公開地談。不過,blogger就是有這樣的特性,寫blog有如寫日記,事無不可對人言,君子坦蕩蕩。看blog時,久不久會看到感情豐富的文章,商業味道不會重,如風兄這類blogger總有不少捧場客。

飯局那次,亦是風兄需要回港處理香港物業事務,所以才有機會約見。當晚風兄談了很多見聞,對香港前景的看法,亦有不少與投資相關的,點評了台灣一些投資高手的操作,聽得我津津樂道。感覺風兄投資功力深厚,他日出版個人著作,可閱性定必甚高。

說回這本著作,給我的第一個感覺是……好多個單元,提及了好多現金

流工具，內容實在豐富，算是一本投資天書吧。

在工具篇中，風兄介紹了很多投資工具，一共九種，包括債券、優先股、房託基金、債券基金、股票期權等，每種投資工具都點評一番，還替每一個工具都評分，這是非常好的實用資料。

當中我特別喜歡風兄談直債，估計這是他的絕技吧，平日在他的 blog 文也看到不少著墨。書中解釋了直債的原理，亦提到選擇直債時需要注意的地方，圖文並茂，更分享了實戰經驗，值得細閱。

另一個我特別有印象的篇章，是談槓桿。風兄以「投資界的界王拳」來形容槓桿，這是卡通「龍珠」的用語，是我們這一代人少年時的集體回憶。用這形容，十分形象化，貼切生動。當然，提到槓桿，他亦討論了不少風險，作一些到肉的好提醒，讚。

見到風兄一口氣寫了這樣圓滿的一本著作出來，我擔心他第二本能否再來，因為這本資料已經十足，對讀者來說夠和味了。

祝風兄一紙風行。

Cherry

財經部落博客、我的好友
「自由工作者的自由投資路」版主

認識風兄，早於2017年的春季。當時的他，除了在各網誌踴躍留言外，也開始自己的博客平台，積極和讀者分享其「懶系投資概念」。起初我們只是文字上的交流，但後來友誼加深，我便邀請他加入bloggers的WhatsApp group。群組內的十多人，不但會交流投資理念，而且也常天南地北地閒聊。平日的風兄撰文認真，但談天時亦有風趣幽默的一面。

有別於一般炒賣股票的財演，風兄的致富方式平穩而踏實。他的Portfolio，主要包括「固定收益類」資產和「穩定收益類」資產兩類。都市人工作繁忙，又需照顧家庭，如再耗時研讀股票財報和緊貼財經快訊，哪豈不是連睡眠也不夠了？有見及此，風兄推薦一些收益穩固、Beta系數值較低的投資產品，作為個人資產的中流砥柱：金融債券、企業債券、優先股、交易所交易債券(ETD)、房地產信託基金(REITs)、商業信託基金(Business Trust)等等⋯⋯書內均有詳盡的說明。

只要在Interactive Brokers等證券商開設戶口，散戶便可自由買賣各項環球投資產品。那麼，香港人為何還要固步自封，只持有100%港股和/或港樓？說穿了，便是自己的國際視野不夠廣闊。細心閱讀風兄的書籍，我們絕對能釐清個人視角上的盲點。

風兄雖然已經財務自由，但平日的心力，都花在照顧家人上，所以餘暇實在不多。然而，他只要有空，便積極地回答讀者的問題。網誌留言、電郵來信、臉書私訊……網友們的疑問，常如雪花般飄至風兄的電腦前。風兄從沒要求任何報酬，反而是發自內心地關心讀者的需要。有時，在讀者提出表面財政問題的背後，往往隱藏其性格或生活上的其他弊端，風兄剖悉主因後，也會贈予金石良言。不少網友在他的勉勵下，過上了更有意義的生活。

在與風兄認識的兩年多以來，我不論在投資上還是人生上，也獲得極大的進步。我心目中的風兄，絕對是一個能啟發你向上的良師益友。希望大家珍惜這本書，視之為金科玉律。

謹祝風兄的新書一紙風行、加印再加印！

期權先生

《期權現金流》作者
https://www.patreon.com/optionmr
https://www.facebook.com/options.mr/

首先，很感謝作者風中追風（下稱風兄）的無私奉獻，寫一本對香港人來說比較「另類」的投資書籍。在普遍的香港人眼中，以為投資只局限於樓市、港股、美股等。殊不知這個世界其實很大很廣闊，除了以上3項投資物外，還有作者書中所講的債券，海外 REITs 等。

正如作者在結語中所說，現時香港政治環境氣氛惡劣，人心惶惶。是否還要局限自己的資產配置限制在香港股市呢？（「太古、長建、新地、領展、滙控、信置、中銀、恒生、友邦、建行，無可否認都是防守性充足的股票，但不等於在股災中就能倖免。它們的平均波幅，其實與大市也差不了多少，如果一方面重視資產配置，另一方面卻將投資全放在單一市場、單一資產上，這是資產配置嗎？」）

我自己也早已意識到這個問題，覺得資產配置不能全數放在單一地區（香港）。這樣做等於 Put All Your Eggs in One Basket，非常危險，風險很高，做不到分散投資的效果。近年，我也很喜歡投資海外 REITs，尤其是新加坡、英國及澳洲的 REITs 是我最喜愛的投資物。除了這些國家的 REITs 持有優質及穩定收租的物業及較多元化外（有 Healthcare REITs 及不受經濟週期影響的 REITs，不像香港的 REITs 只局限於商場及寫字樓），更重要的是這3個國家都是奉行英國的普通法，

是香港人熟識的法律及國家，要分析這些REITs相對地比較容易入手及理解。（有關REITs 的詳情可以細閱書中的第六章－房地產信託基金(REITs)篇 ）

風兄是一個慷慨的人。除了在他的著作中你可以看到他很有心機的逐步講解每一項投資物外，在他的網誌中他更無私地分享他的投資組合讓人閱覽。但在這裡我想作一點補充。風兄之所以能成功駕馭他的投資組合，是因為他有一套屬於自己的投資心法（投資概念／思維）去配合他的投資組合。例如要打出好的全真劍法當然要配合全真心法，才能發揮出最好的效益。若然只學全真劍法卻不學其全真心法，便會做成「只知其然，而不知其所以然」，亦即是武學世界中所説的「只重其招卻不重其意」，非常危險。 而若然你本身一直練習的是華山心法，卻貿然去練全真劍法，也只會顯得格格不入。

因此建議若然要跟隨風兄的投資組合，最好也要先明白他的投資思維，然後考慮他的投資思維是否與自己的投資思維相近。

一個成熟的投資者應著重他人的交易邏輯哲學，而不是只著眼看他的投資組合（功課），並抄其功課。希望讀者不會只「見樹而不見林」。

緊記，作者能夠有信心維持他的組合，是因為他有一套屬於自己的交易邏輯思維。

我曾經也試過沉迷看風兄的文章，在初得悉他的網誌時，試過三日三夜不眠不休地看他的網誌。但網誌中最令我印象深刻的文章是風兄與妻子最後相處的時光及其後與女兒相處的生活點滴。看風兄這些有血有淚的人生經歷比看他的投資文章來得更有震撼性。

當投資做得穩定，有一定的被動收入時。可以多花時間去思考投資的初衷及目標。究竟投資所賺回來的錢（除了再投資外）最後應該要花在哪裡？若然我與風兄一樣，有自己的孩子。我相信我也會跟他一樣將賺回來的錢，花在陪伴孩子成長的時間上。被動收入最大的好處是，可以令人有選擇去做自己最喜歡的事。

我曾經聽過一句說話，「一個人最大的成就並不是看他的財富有多豐厚，而是看一個人離世的時候，有多少人為他流淚，有多少人會想念他。」其實所有財富都是帶不走的，只有人與人之間的感情、愛情、親情才是真實及可延續的。

來讓我用我偶像林子祥的歌曲（作詞：潘源良）《數字人生》作一個總結：

「填滿一生　全是數字

誰會真正知是何用意

煩惱一生　全為數字

圓滿的掌握問誰可以

人與數字有許多怪事

看看計數機裡幽禁幾多人質」

記著我們應該才是主宰金錢的投資者，不要讓金錢主宰我們的人生，變成是計數機裡被幽禁的人質。

願 風兄與女兒在台灣生活愉快。

推薦序

窮家女

財經博客，《我們也可讓自己30歲前富起來》作者。
http://mandy2002hk.blogspot.com/

我跟追風兄已認識一段頗長的時間。

雖然他經常把「懶系投資法」掛在口邊，但其實他本人一點也不懶惰。

閱讀此書的過程中，我深深感受到他付出了萬二分的心血和努力，成就了讀者的懶惰。讀者們可以透過此書，毫不費力地了解到各種不同的投資工具、風險，甚至連如何分析、如何搜集資訊、各家證券商的分別、注意事項等，追風兄都深入淺出地為大家講解，令讀者更能懶惰地學習「懶系投資法」，對投資新手而言實在是一大恩物。

還記得我閱讀了數個章節後，請教了追風兄一些問題。最後他的結論是：「你的強項是股票，又年輕，現階段未必需要投資債券。」短短的一句話，概括了兩大決定人們投資取向的因素。

一、能力圈。

二、個人背景。

追風兄雖認為股票並不是「懶系投資法」的首選，但卻沒有因此而游說我放棄股票，而是因應我的能力圈和個人背景，給予最中肯的意見。此等包容開放的思想，乃是學習投資不可或缺的基石。

無可否認，股票是香港投資者極為重視的投資工具，但不等於其他投資工具毫無參考價值。剛才已提及過，個人背景影響了人們的投資取向，而這背景會隨著時間而改變。今天最適合你的投資工具，不等於永遠都適合你。最常出現的情況有兩個：

一、現時的投資工具表現日漸轉差

二、現時的投資工具表現比預期還要好，想要先行套現獲利，卻無法找到相似的代替品再進行投資，這就是追風兄在書中提及的「再投資風險」

轉換投資工具不失為解決上述問題的一個好方法。不過，機會總是預留給有準備的人。所以，我非常認同追風兄鼓勵投資者「放眼世界」。閒時多了解不同市場、不同的投資工具，對投資者而言都是百利而無一害。《懶系投資法》這本書，正正就是投資者「放眼世界」的入門讀物，值得細味。

「財務自由」可說是投資者終其一生所追尋的目標。如今的追風兄早已達標，不但贖回了自己的時間，還牢牢抓住了人生的選擇權。盼望此書能開闊讀者的視野，努力奪回生命的掌控權。

最後，祝追風兄 新書大賣，一紙風行！

吳盛富

CFP認證國際理財規劃顧問,台灣中區CFP聯誼會會長
《台灣股市何種選股模型行得通?》、《美股研究室》、
《理專不告訴你的秘密》系列書籍與文章作者
商周財富網、淘股網專欄作家
Just a Café 部落格版主
http://www.justacafe.com/

當我在看到本書的時候,驚為天人!

市面上多數都是投資股票的書籍,在中文書籍中更是稀少,此書是少有可以完整介紹固定收益與穩定收益的書籍!

我本身的職業就是從事金融業,並且我的工作內容其實就是協助客戶做好人生的財富規劃,越來越多的客戶,因為本業忙碌,根本無法去做非常積極的投資,他們無法盯盤,沒有時間做交易,甚至根本很少去關心國際金融市場是怎麼變化的,因此懶系投資法就由此而生了!

過盡千帆皆不是,在投資過股票、期貨,選擇權等超高波動的商品之後,在2018年快速下跌快速V轉時,筆者回過頭來,發現真正能讓我們安心睡覺的工具,就是這些不太起眼,平常也不太波動的固定收益、穩定收益類的商品,其實投資何必選擇過山車(股票、期貨,選擇權)?

同樣都是理財目標，我們可以選擇開快車（股票），甚至飆車（期貨選擇權），或是我們選擇穩穩地開慢車（固定收益與穩定收益），開得快跟開得穩是兩件事情，開得快自然就容易發生意外，一不小心就會把過去累計的報酬率一次輸光。

筆者就有一位朋友過去三年大賺100%，在2018年因為過度交易，一年內，把過去的高報酬一次賠光，後來成為我的客戶，我們學習慢賺跟穩賺！

開得穩能夠讓我們走的長長久久，細水才能夠長流，今年是2019年，雖然股市創新高，試問又有誰能夠在去年2018年底勇於大量重壓股票，並且持有到今天？

筆者自己覺得這是做不到的事情，因此我的所有客戶都選擇跟我一樣，選擇了固定收益與穩定收益的商品作為投資理財的主軸，靜靜的在旁邊看市場的波動，然後這些商品，每月、每季、每半年都提供給我們利息，無論國際市場如何動盪，川普今天又說了什麼語不驚人死不休的話，我們一樣處之泰然，靜靜旁觀，彷彿什麼事情都沒有發生一樣！那樣的怡然自得，不受影響，最後我們就默默的收取這些報酬，去完成人生中更重要的事情：提升自我、陪伴家人、戶外踏青、專注本業。

投資應該要非常穩健，不求一步登天！懶系投資法，讓人閱讀起來，就如同見到作者本人一樣，人生應該走得很穩，雖然不快但是最終也是能達成目標，投資的目的，不是只為了高報酬不僅只是獲利，而是讓我們能夠體會賺錢的快樂之餘，還能夠享受人生，這是一種人生的境界，無處都能不動心的境界，透過穩健的懶系投資法就可以達成！

這樣的投資方法如同種樹，一開始非常的緩慢，隨著時間慢慢地推進，自然而然他會長成大樹，我們只需要在對的時間做點調整，慢慢澆灌，時間一到因緣一足，自然能夠在樹下乘涼！

並且幾乎所有的華人，都希望自己的產業能夠傳給下一代，那麼最好的工具，就是懶系投資法中描述的固定收益與穩定收益，隨著我們的澆灌，資產長成大樹之後，下一代自然能夠體會前人種樹，後人乘涼之感，在未來，孩子們至少有了穩定的利息作為支持，人生會有更多的選擇！

非常感謝風中追風花了很大的心思寫了這本書，整理了固定收益跟穩定收益，讓後進能夠快速地理解這樣的投資哲學與生活哲學，見書如見人，如同清澈的湖水，安穩、沉靜、人生不就該活的如此？投資的穩健、靜定，活著歡喜，自在！

推薦序

蔡賢龍

固定收益投資專家,「舒適你的舒適圈」系列課程創辦人兼導師,「急症最前線投資現金流」版主

台北榮總急診部 總醫師

振興醫院急診部 主治醫師

http://shawntsai.blogspot.com/

如果當初投資的時候,能夠有這樣一本書,我就不用摸索這麼久了。

這是閱讀完風兄誠意之作的第一個感動。整本書充滿對讀者的體貼,遣詞用字與各種投資項目的說明淺顯易懂,讀來行雲流水毫無凝滯之感。

從入門心法的理論,股票與固定收益對於通膨處理的釋疑,到可以使用的工具,甚至還為各種特色做星數評比,循序漸進地為讀者做個邏輯脈絡的統整,花費在爬梳脈絡去蕪存菁的時間肯定不少。

首先介紹的是風兄擅長的直債。我第一次認識風兄,也是透過閱讀 blogger 中直債相關文章,因為台灣幾乎沒有直債(台譯公司債)的介紹,香港卻有幾位優秀的 blogger 討論直債。

直債有很多投資方式,有人保守地買 YTM 低但體質較好的公司,再搭配些許槓桿增加獲利;有人專挑選公司體質差,但手上現金、營業現金

流與銀行周轉金足夠償還一至三年內的負債，以賺取超額報酬；有人利用債券到期日的差異，搭配屬於自己的債券梯，還有各種變型投資方法，精采豐富度更勝股票。

但不管用哪一種，初入債券的投資者，最常犯的仍是心法上的混亂，這點風兄特意獨立一個章節書寫，不僅區分股票與直債的差異，也確立懶係心法，避免讀者走偏。

確立懶係心法之後，自然方法也隨之浮現，從債券的順位、信用、購買方式，到名詞解釋、合理購買價還有篩選工具網站的介紹，並搭配實際的例子輔助說明，若讀者再搭配部落格文章以及風兄本身的投資組合來閱讀，會有更多映證，以補足書中篇幅不足之處。

接著是優先股與 ETD。關於優先股的文章不少，但關於 ETD 這個名詞，當初兩岸三地幾乎找不到相關論述，最多隻言片語的介紹。外國網站多把優先股與 ETD 相提並論，因為兩者特質相近，無可厚非，但對香港與台灣投資者卻會造成不少困擾，就是為何有些優先股可以不扣稅，有些卻會，當這兩者沒有區分，理解上就會有斷點。

不扣稅只有兩者，配發的是利息 (Interest) 或非美國公司所發行。以這點來看，ETD 配發的都是利息，故不扣稅。部份信託形式的優先股，因為連結的標的配發的是利息，譬如最常提到的 C-N，所以也不扣稅，但並非所有的信託優先股都不扣稅。

搞清楚這點之後就會發現，其實絕大多數不扣稅優先股，都是 ETD。至於會不會被預扣稅，則是後話，各券商各標的會有不同狀況，在此不表。

除了固定收益的直債、ETD 與優先股，還有另一群穩定收益，包括 REITs 與封閉型基金 (Closed-End Fund, CEF)。

REITs 的分析介紹在香港相當豐富，但風兄在書中特別比較了 REITs 與 Business trust 的差異，這在一些 REITs 的書籍與網路部落格裡都混為一談，這是相當不同之處。搞清楚了兩者的差異，才曉得為何有些槓桿可以高過 45%。而新加坡比較有名的星獅與楓樹系列的產品，其實不是 REITs 而是 Business trust，這些可以不用配發 90% 的應稅股息收入給投資者。

另一塊關於美國的封閉型基金，是喜歡配息的投資人一定要理解的，因為這簡直是為了配息而存在的產品。

一般基金公司為了賺錢，能夠收的手續費絕對不會少收，只要能夠銷售出去，什麼話都可以講得出來。但封閉型基金正是一種無法讓基金公司賺到太多錢，卻得拿出實力的產品。

我通常把封閉型基金類比成股票。一般投資大眾購買股票，錢並不會進入公司，而是上一個買家手上，封閉型基金也是，所以基金公司不用為了賺投資大眾的錢，無所不用其極，因為錢不會進入到基金公司手上。

這個特性在整體市場下跌的時候特別明顯，當債券基金下跌，為應付投資人恐慌贖回的賣壓，基金公司被迫以下跌的價格賣出更多債券，直債到期保本的優勢蕩然無存。

反觀封閉型基金不用應付恐慌賣壓，而需賤價出售手上直債，甚至可以放至到期保本，因為這樣穩定的結構，所以才有機會配發相對穩定的配息。

當初風兄最令人驚豔的大作，是連續三篇令人拍案叫絕的債券基金大亂

鬥，本書也有擇要收錄。結果一定是封閉型基金樂勝共同基金，但一步步分析的方法真是令人看得精神大振神清氣爽，有如吃了爆漿瀨尿牛丸。

書末的槓桿與風險，是最後畫龍點睛不可或缺的部分。一般書上提及槓桿，通常沒有對應該預留的保證金多所說明，風兄利用幾個簡易的舉例，來說明槓桿比例與保證金的關係，邏輯清晰、簡明易懂，這是使用 IB 帳戶槓桿操作必讀章節，特別是要利用外匯來套息交易者。

本書第二個讓我感動的，是風兄的氣度。

一般投資專家皆避免在個人書中提及他人，或皆稱是個人創見。但風兄不避諱，仍提及弟名，令我感動。

香港的讀者很幸福，能夠有文筆流暢、條理分明、又能貼近讀者的風兄，來書寫投資固定收益相關產品的方式與應該注意的事項，在跨出香港，增加現金流來源的過程中，可以減少很多冤枉路，是一部必得收藏的佳作。

預祝風兄與風兄的讀者，未來投資更有斬獲，達到心目中的理想境地。

謹將此書，獻給遠在天國的內子，

願她 一切安好！

終有一天，我們會再見的。

自序

我是一個很有計劃的人，本來……

從小到大，讀書、考試、工作、升職、投資、拍拖、結婚……憑著自己的能力加上一點努力，目標為本，訂立計劃，努力達成，然後再設立下一個目標。好像打機一樣，一關一關地打、一關一關地過。

在投資方面，我一直執意尋找最懶散、機械化而又有穩定回報的投資方法，遂多方偷師，遍試各種投資工具與方法，由股票、窩輪、牛熊證、期權、期指、基金，至美股、債券、債基、REITs等等。途經九七金融風暴、二千年科網爆破、零八金融海嘯、港股大時代，亦有數年全職投資生涯，終於發展出一套所謂懶系投資法，以可控制的風險帶來穩定的被動收入，擺脫一般人投資時耗費大量心力、飽受市場氣氛煎熬、兼且對回報毫無把握的投資困境。

我的前半生，好像沒有甚麼事是自己掌握不了的。

直至二零一六年六月一日，身體一向極健康的內子，突然確診急性骨髓性白血病，從此我們的生活進入一片混亂、完全無法預測的處境。與內子一齊對抗惡疾的戰役中，充滿了無力感：不停的入院出院、隨時隨地的感染機率、時好時壞的檢驗結果、不斷失敗的化療、勉強進

行的骨髓移植，還要面對冷漠無情毫無同理心的教授級醫生、擠逼糟透的香港醫療環境、千方百計刁難你的保險公司⋯⋯沒有一樣東西是可以計劃的，沒有一樣東西是可以肯定的，唯一肯定的是，內子憑著一口氣，堅韌地一直在與死神搏鬥！

在這段日子，我開始執筆總結自己的多年投資經驗，開始時只是受到皮老闆等著名Blogger的影響，嘗試一下，暫時轉移自己注意力而已。

事實上，我本質上是一個頗內向的人，並不喜歡與人分享，更不是甚麼無私的Blogger。但病中的內子，在閱畢我完成的頭三篇「我的懶系投資之途」連載後，說了一句話：

「寫得很好呢，好像小說一樣好看，你繼續寫吧，我想看！」

因為她的這一句話，我正式確立了現實外的另一個身份：Blogger風中追風。

之後，我以風中追風的名義在網誌「尋找財自生活之途 - 懶系投資法」（https://laxinvest.blogspot.com/）中陸續分享自己的投資歷程、投資心法、理財理念、資產組合、生活點滴等等，竟然引來不少迴響，瀏覽量很快接近百萬，還因此認識了不少Blogger與網友（有些後來還成為現實中的朋友）。

在內子患病之前，我想都沒有想過，自己會去做這種事情，這些完全
在計劃之外。

內子過世後，我背負其臨終的託付，帶著女兒移居台灣，展開新的生
活，網誌也改名為「單親爸爸撞牆記＠懶系投資法」。

二零一八年底，香港天窗出版社的Sherry（呂雪玲）小姐聯絡我，詢問
出書的意向（順便在此多謝Sherry，沒有她的鼓勵與工作，這本書不
可能面世）。

這又是我從沒計劃過的事，所以猶豫了很久。因為我人在台灣，要獨
力照顧女兒，時間有限，而且我不是財經專家，無名無氣的閒人一
個，也沒有想要開辦投資課程，有資格出書嗎？

在那一刻，我想起內子，如果她在世，以她性格，一定會支持我，把
自己的所知所學分享出去。她是非常善良溫柔的人，就是在路上見到
長者過馬路就本能地上前扶一把的那種人，永遠只為別人著想。如果
我做成這件事，她一定會以我為傲！

所以，我答應了。

寫書過程比我想像中辛苦得多。本來我以為自己的網誌已有不少分

享，將內容重新組織成一本書，應該不是一件難事，原來大錯特錯！我的網誌文章，較為隨心，也較注重實戰，是假設讀者已是進階的投資者，所以對於基礎理論與心法往往輕輕帶過。但真正寫一本入門實用書，我需要重新系統性地闡述整套懶系投資法的基礎理念、心法、招式與應用，還要小心避免有所錯漏，使之成為一套完整的投資系統。這種不能隨心所欲的寫作方式，不是我喜歡的。

結果這本書我足足用了超過半年時間去撰寫，中途甚至幾次想要放棄。是對內子的思念，讓我堅持寫下去。

可以說，沒有內子，就沒有風中追風，當然也沒有這本書。

因此，這本書，對象是讀者，其實也是為內子而寫的。

最後，我想說的是，當你看完這本書（或者只是打書釘也好），無論有沒有得益，請記住，研究投資，賺取收入，不應成為生活的重點，真正應該珍惜的，是身邊的人。當失去摯愛，我才發現，之前追求的許多以為重要的東西，相形之下，其實沒有甚麼意義！

生活比投資更難預料，計劃永遠趕不上變化，以為理所當然擁有永不會改變的，其實可能隨時失去。

珍惜眼前人！

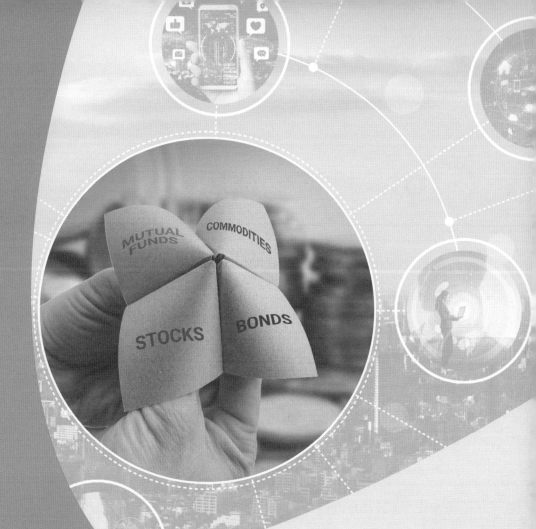

第一章

入門篇

投資的**迷思**

你是否從認識投資以來，就覺得投資，就等於買股票？是否有聽過、或被很多傳媒稱之為投資專家的人教育過：年輕時，風險承受度較高，就應該買股票，而持有股票比例要超過50%以上等等的言論。

其中最常見的理論，就是持有股票與債券的比例，應用100減去年歲：

25歲時，應該持有75%股票與25%債券。

40歲時，應該持有60%股票與40%債券。

65歲時，應該持有35%股票與65%債券。

……

但是，你有沒有真的去思考過、想過：

● 為甚麼年輕時就應該就可以承受高風險？

- 為甚麼一定是這樣的邏輯？

- 為甚麼一定是這樣的順序做呢？

- 提出這些理論的專家，有利益衝突嗎？

這些投資理論都是金融體系的人提出的，幾乎所有主張這種理論的投資專家都是從投資銀行、零售銀行或證券商出身，但實際上，他們都是靠投資股票來創造傳奇與累積財富嗎？但我們怎麼有時會聽說真正的富人都在操作債券？

我們也經常聽到別人說：「投資固定收益資產（通常指債券）回報太低，投資股票幾天就能賺20%、30%以上的回報率！」

這是很危險的想法，有沒有想過要在股票上獲取年回報率20%以上的報酬率，負上的風險要多少？

投資需要本金，這道理大家都知道，但剛入社會的年輕人能有多少資本去學別人炒股或是頻繁進出，才會有可觀的報酬？大部份的結果，幾乎全部都是賠錢收場。更糟糕的是，有些還會因本金太少而被慫恿借貸投資，結果欠下一身債！

有沒有人思考過，25至40歲人生的最有精力、最黃金的時段，是否應該把時間與精力投入在自己的學識、經驗、工作、專業、人際關係的建立上，才能更快地累積本金，才能有更多的資金投入在被動收入資產的累積上？

有沒有人思考過，剛入社會的年輕人有多高的薪金？他們不用投入工作、累積經驗與人脈嗎？不用花時間拍拖嗎？不用結婚嗎？不用生育、照顧下一代嗎？不用供養照顧父母嗎？他們每天能分出多少時間去研究各類型股票、研讀數以千計的財務報表、追蹤市場走勢、分析經濟數據、跟進市場消息？

更糟的是，就算你做足研究，你投資的任何公司的股票，有哪間公司敢承諾、敢保證在公司經營一定的時間過後，給你確定的回報率？

為甚麼一定要追逐難度最高、把握性最低的股票市場？其實，換一種投資方法，生活可以簡單得多，收入可以穩定得多——不用再在股海浮沉、不用生怕遺漏任何市場消息、不用緊盯平均線與交易量的變化、不用每天殺進殺出……更重要的是，投資的當下，就幾乎可以完全確定投資時間長短與回報率。

如果有一種投資方法，回報率比得上甚至勝過股票投資，但相對安逸、閒適、清晰、易掌握、可預測。在年輕時，主力在事業上拼搏，同時用這種方法不斷累積資產，擴大被動收入的規模，最終達致財務自由。至於已經累積了第一桶金的，可以用這種方法安穩閒逸地拿取穩定兼抗通脹的被動收入，同時去追尋實現自己的真正夢想，這樣不是更好嗎？

懶系投資法的
由來

自一九九五年第一次買賣股票開始，筆者一直執意尋找最懶散、機械化、有穩定回報又適合一般人的投資方法，為此試遍各種投資工具，由股票、窩輪、牛熊證、期權、期指以至基金皆有涉獵，價值投資、技術指標、圖表分析等等方法也都試遍無誤。其中長達接近兩年時間過的是全職投資生活，以短炒股票、即市期指炒賣、指數期權策略、期指動態對沖等來賺取生活費。

但在股市愈久，愈覺得股票易學難精，撇除二三線股票的短炒，就算大藍籌股票，由於太多環境因素、人為因素、政治因素與公司人治因素，即使有深入的研究，也不可能成為穩定回報的投資方法。

一般人都喜歡說：「力不到，不為財」，總是覺得只要自己多做功課，多學多研究，就可以獲得穩定回報。這某程度上是對的，可惜在投資市場，尤其是股票市場，並不一定一分耕耘、一分收穫，有太多的不可計算因素互相影響。我們可以藉由研究學習而盡量避開一些局部性風險，

系統性風險卻難以避免。如果要求回報與股市長期回報相近甚至超越、而又可避開高波幅，達至穩定回報的目的，難度極大。一般的股票炒賣方法，對將來的回報率與時間性無甚概念、難以預測，更惶論筆者追求的這種懶散、機械化、穩定、門檻低而又平民的懶系投資法？

一段長時期的摸索後，逐漸發現其實筆者是被本地投資環境所困惑了。要達致筆者的目的，一定要跳出本地，放眼世界！每一種投資工具、投資市場，都有自己的特色與門檻，唯有充份利用結合各種投資工具與市場的特色，並揀選可清楚計算回報率與風險的工具，才可以擺脫日日追市、擔驚受怕、飽受市場氣氛摧殘的老鼠圈式投資方法。此時，懶系投資法的基礎終於逐漸成形。

懶系投資法的「懶」字，精要不在於不做功課，而是在實行前，已充份計算了回報率、時間及風險，可以很放心地在實施後，只用最少的時間定時檢驗，其餘時間置之不理，該吃就吃、該睡就睡、該玩就玩，讓投資組合在背後自動為你帶來現金流或自動增值。而且，這種懶懶的、悠閒的投資法，筆者心目中的合理年回報率應該在 10% 以上。

懶系心態的
準備

假設現在有兩個基金經理，拿著同樣數目的一百萬港元進行三年期的投資。第一個極為保守，把本金大部份投入固定收益市場，結果連續三年，每年穩定地增長5%。第二個投入股票市場，第一年增長50%，第二年又增長50%，第三年遇上熊市，損失50%。

你會選哪一個？

大多數人的直覺，都是選第二個基金經理。第一個基金經理，實在太保守了，每年只有5%回報率，簡直不堪入目。第二個基金經理才是個人物，第一年與第二年資產增長好亮麗呢，第三年跌一下也沒甚麼所謂吧，反正前兩年賺得超多！

事實是，三年後，第一個基金經理給出15.76%的總回報率，第二個基金經理給出的，只有12.5%的總回報率！

計及付出的精力、承擔的波幅，這是否風險與回報錯配呢？

現在問自己一個問題：「你要求自己的投資組合平均每年增長多少？」

每人的答案都不盡相同，最差的答案就是：「越多越好！」這種答案等於就是根本沒有想過自己的風險承受能力，或連怎樣去為自己的資產增值也沒想過，沒有計劃沒有目的，簡而言之就是亂來。增長與風險是一個硬幣的兩面，雖然未必百份之一百同步，但大部份時間還是成正比的。懶系投資法可以藉由策略與工具來盡量在有限的風險中擠出最大的效益，但在此之前，因應自己的風險承受能力，來決定要求的回報率是最基本的功課。

如果你的答案是：「兩至三年升值一倍以上！」根據最簡化的七二定律，就是每年24-36%的複合增長率。筆者會假設這是初出茅蘆的年輕人、或急於賺取第一桶金的人給出的答案。也不是做不到的，只要在適當的短時間（例如在大牛市，遍地股神出沒的時期）夠運氣又肯冒險的話。但中長期來説，在投資界內資產值夠大、長期（例如超過十年）能保持這種平均增長率的，除了巴菲特有較接近的成績外，筆者想不到還有哪個。當然在短中期的牛市中，這種回報率並不少見，可惜，就像剛才提及的第二個基金經理那樣——根本不能持久。只要在逆市時稍一不慎，得不償失！

所以，想要這種報酬率的人，可能要利用衍生工具或三四線「賭博」股，或等待適當的時機出擊，更要有三更窮五更富的心理準備。可是，最後可以持續成功的，百中無一。假如你對自己有這樣的信心，那就不必再繼續看下去了，懶系投資法滿足不了你。

另一個極端，是一點風險也不想負上的人。可惜，在一般情況下，回報與風險成正比。懶系投資法的目的，是在可控可計算的風險下，安穩地得到最高的回報率，卻不等於毫無風險。所以，如果你極端保守，一點價格風險也不想負上，也不適合懶系投資法。或許，本幣或美元定期存款、美國國債等投資產品更值得你考慮。

如果你的答案是在每年 5% 至 15% 範圍內，這是懶系投資法的射程。但首先筆者要假設你已有第一桶金，或暫時還沒有，但將會不斷用主動收入繼續投入，這樣才有意義。因為如果本金太少，例如只有港幣五萬元，又沒有後續投入，就算每年有 15% 的回報率，也要接近五年才翻一倍，十五年後只能滾存到四十萬左右，正是形同雞肋，食之無味、棄之可惜。

TWD
19.43

所以，如果你已有了第一桶金，恭喜你，你可以使用懶系投資法帶來的現金流去維持生活、或繼續增值。如果你還沒有第一桶金，還是先做好本業，以主動收入不斷投入到懶系投資法上，很快你就會發現，自己不知不覺就到達了財務自由的階段。

財務自由的
意義

財務自由可以說是近幾年最炙手可熱的話題。最簡單的財務自由定義，就是所持資產所產生的被動收入（或稱被動現金流），大於每月所需生活費加通脹，使一個人或家庭無需為生活開銷而努力為錢工作的狀態。

有些言論對財務自由頗有微言，認為鼓勵急功近利、不事生產、養懶人等等。對筆者而言，財務自由絕不等於退休，更不是生活的終極目標，而是一種可以更好地選擇自己生活的財政狀態。財務自由的狀態，其實是讓自己有更多的選擇，回歸初心，去追求真正的夢想。

在筆者移居台灣後，有不少從香港來探望筆者的朋友，總是問一個問題：「在這邊做甚麼？」他們的言下之意，就是沒有一份全職工作，日子怎麼過得下去呀？甚至有一位網友，私下勸筆者去找一份工作，因為工作就是最好的寄託云云。對這些言論，筆者實在不知應該是好氣還是好笑。如果一個人不為某公司工作，竟會失去寄託，那真的非常可悲！因為他連自己真正想要甚麼都不知道（可能將工作當為自己事業的是例外吧）。

在筆者看來，如果不是為了賺生活費，只是多些時間陪伴女兒成長，已經比打工有意義得多。在來台灣之前，筆者心中有無數夢想的計劃：陪伴女兒、環島旅行、博覽群書、深造投資之道、學寫手機程式、上課程學一門手藝、琴棋書畫醫卜星相隨便揀幾樣涉獵一番……瑣碎一點的，還有定時做運動、閱讀小說、做志工（義工）認識在地人、每天與不同的新相識朋友見面，甚至打機、煲美劇日劇韓劇、追看動漫……結果？筆者實在太高估了時間的可用性，每天的衣食住行與照顧家庭已花去了大部份時間，那些所謂計劃，根本實行不了幾件。想做的事太多，時間太不夠用，要筆者再去為其實與筆者生命毫無關係的公司工作，那不是浪費筆者的生命嗎？

每個人的選擇不同，可能香港的環境，讓香港人除了工作賺錢外就再無其他，工作就是生活的全部。對筆者而言，陪伴家庭、追求夢想、掌握生活的選擇權，這些才是人生應該做的事。

堅信「打工為王」、六十五歲之前都一定要投身職場的人，可能明白，又可能永遠不會明白，每個人的選擇不同、路向不同，也沒有甚麼對錯之分。

財務自由
觸手可及嗎？

財務自由的水平，人人不同：有人要求夜夜笙歌、住豪宅、出入名車、工人環侍；有人甘於過基層生活，粗茶淡飯足矣。這涉及到本金、投資回報率與通脹的計算。

這裏暫且以最容易的個案，二人家庭、已供滿樓、每月日常開支連醫療保險費港幣二萬元為例，作最簡單的計算。理論上，這種兩人家庭只要有大約五百萬流動資產，投資年回報率4.8%的固定收益資產（例如國債或公司債），已可達基本財務自由狀態。

可是，財務自由有一個天敵——通脹。相對計算回報倍增的「72法則」，計算通脹應該使用「70法則」：假設通脹率為3%，大約二十三年後，上述家庭的每月被動收入的購買力只剩下實質上的一半，即港幣一萬元。所以計及通脹因素，五百萬流動資產與4.8%回報率是不可能長期支持下去的。

這就是那些投資專家總是鼓勵投資者長期買入股票的原因，或者藉口！他們總是說，投資股票等於是投資公司的經營，股息隨通脹上升，甚至跑贏通脹。問題是，你可以選到哪一家公司，敢承諾保證確定的報酬率？筆者所見的，大部份散戶投資股票，多年辛勞，最好的結果，可能是打平而已。

所謂專家口口聲聲提及股票（或其他一些他們想引你入坑的投資物）可抗通脹，而債券或其他固定收益資產跑輸通脹的理論，不堪一擊，因為最後還是要歸於年回報率的計算。

例如說，一間公司的股票平均每年派息3%，而公司股價依通脹每年成長4%，複合年回報率達到7%。這樣的公司，怎樣看也算是難得的成長防守兼備、可抗通脹的公司了吧？

但同時，該公司的債券也是每年派息7%，而派息後投資者將債息再投入，複合年回報率也是7%。請問同樣是年回報率7%，股票與債券在數額上與抗通脹上有分別嗎？

答案顯而易見，每年7%回報，無論來自何種投資工具，都是一樣的，可是為何人人都說買股票可追通脹、債券卻是跑輸通脹、犧牲了最大盈利？明明兩者都是7%回報啊！坦白說，有多少人投資股票，每年平均有7%回報？除了大牛市的幾年，筆者所見的，還是少數（註：大部份散戶都跑輸大市，所以筆者鼓勵一般人，如果幾年來成績都無寸進，仍堅持要買股票，不如投資盈富基金算了）。但債券，只要公司不倒閉，幾乎是百份之百得到的啊！而且無論價格波幅、派息保證、公司清盤償還次序、到期回本的特性，同一公司的債券都遠遠勝於其股票。

財務自由的
計算

事情又回到了原點，既然通脹是財務自由的天敵，那到底怎樣計算才可以得到真正的財務自由？

現時在美國最普遍的計算基礎是Safe Withdrawal Rate (SWR)，這是一種計算每年可以從投資組合中安全地提取現金、而又不會耗盡資金的經驗法則。而其中又以4% Safe Withdrawal Rate被公認為成功機會最高的經驗法則。

4% Safe Withdrawal Rate的方法是在設定投資組合資產後，每年提取生活費一次，第一年提取4%，然後每年提取的金額按通脹調整（例如通脹率3%，生活費就每年提高3%），同時資產每年都有穩定回報，就可達致即使在沒有工作收入，資產都能維持生生不息的狀態。而且不管你有多長命，每年根據通脹調整的生活費也足以應付生活所需。

根據4% Safe Withdrawal Rate法則，總資產的要求是：

總資產 = 每年生活費 x 25

還是以剛才的個案來舉例，已供滿樓的二人家庭，每月日常開支連醫療費保險費二萬港元，則要達致真正財務自由的最低總資產為六百萬港元：

20000 x 12 x 25 = 6000000

這項經驗法則有三個變數：

1. 投資預期回報率

2. 預期剩餘年歲

3. 通脹率

做法是永遠保留兩年的生活費（可以隨時使用的現金），在每年年底提取後一年的生活費，數額依通脹進行調整。由於這三個變數互相影響，我們可以通過計算各種預期回報率與通脹率，知道資金會耗盡的年數。如下表：

年回報率／通脹率	1%	2%	3%	4%
1%	22	20	18	16
2%	25	22	20	18
3%	30	25	22	20
4%	38	30	25	22
5%	60	37	29	25
6%	∞	56	36	29
7%	∞	∞	53	36
8%	∞	∞	∞	51
9%	∞	∞	∞	∞

根據上表的計算，假設通脹率為3%（已是頗為進取的估計），只要投資回報率達8%或以上，資產也是永遠也花不完。即使退到7%回報率，資產也會維持到五十三年後才花光，就算四十歲退休，應該也夠了吧。

六百萬的流動資產，其實不是那麼遙不可及的。而8%的年回報率，也不是太難。但是，如果把資產投放在單一的股票市場，今年升五成、明年跌七成、派息不保證、回報不確定、天天驚恐、日日折騰，只怕根本實行不了上述計劃。我們要找到，是如何簡單、平穩、懶懶地得到這個回報。

第二章

工具篇

甚麼是
懶系投資法的工具

懶系投資法的工具，就是可為投資者帶來穩定現金流的資產，其中又分為固定收益資產與穩定收益資產兩類。

在定義上，**固定收益資產**通常是指買入後提供本金保障、且持有期間會發放固定利息的投資產品，例如銀行定期存款、協議存款、國債、金融債、企業債、交易所交易債券（ETD）、優先股等這類產品，比較穩定、簡單、風險也比較低（其中存款與國債類等由於收益率很低，已被撤除於懶系投資法之外）。

穩定收益資產則指房地產信託基金（REITs）、商業信託基金（Business Trust）、債券基金、高息公用股、甚至從事私募股權投資的商業發展公司（BDC）等這類派息較為穩定的資產。派息較為穩定的原因，通常與公司必須根據法律執行派息比率、或公司結構與業務較穩定有關。

事實上，固定與穩定收益資產的投資在國際上才是投資主流。以債券市

場為例，歷史比股票市場更長遠、成熟度更高、規模更大，單是在美國，債券市場的市值就已超過美國股市總市值一倍以上。而對於全球金融市場而言，包括消費者的房貸、保險、退休金等等，債券市場的影響也遠遠高於股票市場。

可惜，在香港，由於金融機構與傳媒有意無意中的偏向性傳導，一般散戶只知道在高難度的股票市場中互相廝殺、被大戶屠宰，甚至將血汗錢投入窩輪、牛熊證這些根本就是設計來幫大戶收割散戶的工具。結果能在股票市場存活下來的散戶，百中無一。

相反，較為穩定、贏面較大的工具例如債券，香港甚至整個亞洲地區，就設立了重重關卡與門檻，淪為富人的專屬工具。舉例，在香港，投資債券的門檻動輒廿萬美金一檔，如果在銀行投資債券，更多數需要有 Private Banking (PB) 的資格，才能有較多的債券選擇，或可使用較低息的槓桿。在台灣，近年有些銀行開始將一些債券拆開售賣，俗稱「斬債」，低至一萬美元可買一檔。但斬債選擇既少、費用又貴，還要被銀行「吃價」。這就是「資金決定門檻、門檻決定選擇」，導致「人愈富、賺錢愈易」的現實。

不止債券，其他固定或穩定收益投資工具，例如ETD、優先股、REITs等等，在香港也都受到有意無意間的壓制與誤導，不是根本沒有投資渠道（例如ETD與優先股在香港股市就找不到），就是淪為炒賣的工具，失卻了穩定收益保本的本意。

但是，只要我們跳出香港，放眼世界，就是天大地大！單單美國股市，上市的固定或穩定收益產品就何止千百，其選擇之多、範圍之廣，無出其右。而在場外交易市場（OTC）交易的美國企業債券，投資額更低至1000-2000美元一隻，門檻之低與在香港投資債券的環境差天共地。

不同的固定或穩定收益資產，有不同的特性，包括風險、波幅、價格穩定性、有否到期日等等，更重要的是，需投入的心力（即懶系指數）也各有不同。在此章節，將會簡略介紹懶系投資法採用到的一些主要投資工具，並就每項工具的特性作出大致的評分比較。

請注意，由於不同企業的分別甚大，此評分基準是假設同一或相似企業/機構，在同一時期下發行不同的投資物的比較，以星號的數目來評定，愈多星代表分數愈高。比較準則包括六項：

✓ **價格穩定性：**價格的平均波幅，及受市場氣氛的影響程度。星號愈多，代表波幅愈低。

✓ **投資技術簡易度：**對分析技術要求的深度與廣度，除工具本身的複雜度外，還包括基礎分析、行業分析、財報分析、技術分析、圖表分析等等技術上的要求。星號愈多，代表技術需求愈低。

✓ **資金門檻：**投資要求的資金門檻高低。星號愈多，代表門檻愈低。

✓ **交易方便度：**包括是否有統一交易平台、交投量是否充足、買賣差價是否通常合理等等。星號愈多，代表交易愈方便。

✓ **回報／損失可預測性：**在投資期或指定時期內，該工具最大回報與損失的可預測性。星號愈多，代表可預測性愈高。

✓ **抗通脹能力：**資產本身是否有隨通脹升值的潛在能力。星號愈多，代表抗通脹能力愈高。

✓ **綜合懶系指數：**綜合以上準則而得出的綜合分數。由於上述準則的比重有所不同，所以綜合懶系指數並不是所有準則的平均分數，而是指適合懶系投資法的程度。星號愈多，適合程度就愈高。

工具①：
公司債券（直債）

懶系投資法最主力的部份，就是公司發行的債券，包括投資級別與非投資級別債券。簡單來說，投資者買入債券，就是借款給該企業，債券就是借據。在正常情況下，公司必須按照債券訂明的條款，定期給予投資者約定的利息，而在債券到期日時就要償還本金。所以，公司的業務發展其實與債券投資者沒有太大關係，只要公司不違約，債券投資者就定期得到約定的回報。

因此，債券的考慮點主要就是：「債券到期日前公司倒閉的機會。」而萬一債券到期前公司破產清盤，債券投資者身為債權人，償還次序在股票投資人之前。由於投資者投資債券時要分析的只是一定時期內公司倒閉的機會，其要求的技術難度與複雜性，比投資公司股票其實低了很多。

公司債券並不像股票那樣在統一的交易平台掛牌交易，而是通過Over-the-Counter (OTC)市場交易，IPO價是100美元，一般每半年派息一次。每隻債券都有不同的票息率（Coupon Rate）與到期日（Maturity Date）。由於債券投資者多數都是在市場上買賣二手債券，而買賣時的

二手債券價格不是一成不變的，可能高於100元，也可能低於100元，因此在計算回報時，必須計算買入價。所以債券回報不是以「票息率」計算，而是以「孳息率」（Yield）計算，就是將投資者買入債券的價格、票息率、到期時收回的面值及債券年期等計算在內，這才是債券的實際回報率。

公司債券的回報一般與公司違約的機會率成正比，即違約率機會愈高，回報應該愈高。但是，高回報的債券未必會違約，同樣低回報的未必一定不會違約。所以，懶系投資法中的「懶系選債」心法，就是希望可以揀選一些較高回報而最終又不會違約的債券。公司債券的投資心法及選擇方法將在後續的章節慢慢與大家分享。

公司債券評分

價格穩定性：★ ★ ★ ★ ★

投資技術簡易度：★ ★ ★ ★ ★ ★

資金門檻：★ ★ ★ ★ ★ ★

交易方便度：★ ★ ★ ★ ★ ★

回報／損失可預測性：★ ★ ★ ★ ★

抗通脹能力：★ ★ ★ ★ ★

綜合懶系指數：★ ★ ★ ★ ★ ★

越高越吸引

工具②：
交易所交易債券 (ETD)

ETD全寫為 Exchange-Traded Debt，就是在證券交易所交易的債券。這種債券與傳統的公司債券有所不同，是直接在美國的股票市場掛牌交易，發行金額一般是25美元，由於門檻較公司債券低，又名為 Baby Bond。此外，一般公司債是每半年派息一次，而ETD是每季派息一次。在美國，ETD的派息與公司債券一樣屬於「利息」（interest），不需繳付30%的股息稅，派息多少就淨袋多少。

ETD又依償位順序分為Senior Notes、Notes與Subordinated Notes 幾種，公司清盤時的償還次序優先於優先股與普通股，但在有擔保債券（Secured Notes）之後。不少ETD到期日很長（動輒超過三十年）甚至沒有到期日，又有提前贖回日的規定，所以ETD通常有較高的派息率，但價格波幅、信用風險與利率風險均較同一公司發行的公司債券為高。

ETD 評分

價格穩定性：	★★★★★
投資技術簡易度：	★★★★★
資金門檻：	★★★★★
交易方便度：	★★★★★
回報／損失可預測性：	★★★★★
抗通脹能力：	★★★★★
綜合懶系指數：	★★★★★

工具③：
優先股 (Preferred Stock)

有投資者經常將優先股與 ETD 混淆，因為兩者都可以直接在美股市場上交易、IPO 也是每股 25 美元，甚至在很多美股網站上，也將 ETD 與優先股歸為同一類。其實，優先股是介乎債券與普通股之間的投資產品，其派息一般都高於同一公司的債券，對公司的經營沒有參與權，但公司破產清算時的受償順序排在債券持有人之後、普通股股東之前。

優先股與 ETD 的另一最大分別，ETD 屬於債券，債券不派息就屬於違約，但優先股卻有權在公司困難時暫停派息。其中累積式優先股規定暫停派息後，日後需補派；非累積式優先股暫停派息，日後就不會補派了。

此外，與 ETD 的債券性質不同，在美國，優先股的派息屬於「股息」（dividend），非美國投資者需繳付 30% 的股息稅。但是又不是所有優先股皆要繳付股息稅，有些是免股息稅的，其中的詳情，將在後續的章節慢慢與大家分享。

優先股評分
價格穩定性：★★★★★★
投資技術簡易度：★★★★★★
資金門檻：★★★★★★
交易方便度：★★★★★★
回報／損失可預測性：★★★★★★
抗通脹能力：★★★★★
綜合懶系指數：★★★★★★

59

工具④：
房地產信託基金
(REITs)

REIT是 Real Estate Investment Trust 的縮寫，是以信託方式組成、主要投資於房地產項目（例如住宅、商舖、辦公室等）的集體投資計劃，旨在提供定期租金收入回報。大部份地區，包括美國、香港、新加坡、日本、澳洲等地區的法例都規定必須將淨收入90%以上的金額作為股息分派，負債比率也受到限制，由於股息就是租金收入，其理論上可對沖通脹。

REITs 主要收入為物業租金，股息收益較為穩定，一般來說派息率也較高。因為租金屬於通脹的組成部份，REITs可以說是另一種有效對抗通脹的資產。香港上市的領展房產基金（823）、置富產業信託（778）、越秀房產信託基金（405）、新加坡上市的豐樹商業信託（RW0U）等等，都屬於REITs。

香港的REITs選擇極為有限，且大多數只限於購物商場、辦公室與酒店，其中一檔領展房產基金的市值已大過其餘所有上市REITs市值的總和。但如果走出香港，單單新加坡，SGX REITs的闊度與深度就不可同

日而言了：商辦、商場、商用、工業、酒店、醫療、資料中心等等琳瑯滿目、任君選擇，很多檔的股息率更接近6-7%（投資SGX REITs所收的股息不需繳稅，全數入袋）。小小的新加坡尚且如此，更遑論REITs市場發展更成熟的美國、日本、澳洲等地區。

但是，REITs的派息雖然較穩定，還是隨著公司的收租業務收入而浮動，與公司營運息息相關。而且REITs本身屬於波動較大的資產類別，與股市有著極為相關的連動性，市場漲或跌幾乎是同步的。因此REITs不屬於固定收益資產，而屬於穩定收益資產。

REITs 評分

價格穩定性：★ ★ ★ ★ ★

投資技術簡易度：★ ★ ★ ★ ★

資金門檻：★ ★ ★ ★ ★

交易方便度：★ ★ ★ ★ ★

回報／損失可預測性：★ ★ ★ ★ ★

抗通脹能力：★ ★ ★ ★ ★

綜合懶系指數：★ ★ ★ ★ ★

工具⑤ :
商業信託基金
(Business Trust)

商業信託基金類似REITs，也是以信託方式經營。與REITs不同的，是商業信託基金沒有限定投資的行業，但一般都是較穩定的業務，例如電訊、能源供應、酒店、甚至高爾夫球場等等。商業信託基金的派息政策與負債比率沒有像REITs一樣受很大限制，可以按投資需要提高或降低派息比率，但原則上仍要依照利潤派發高比例的股息。

現時香港只有幾檔商業信託基金上市，市值最大的是提供固網和流動通訊服務的香港電訊信託（6823），其次是服務港島和南丫島電力的港燈電力投資（2638），其餘都是在本港和內地投資酒店的企業。但與REITs一樣，跳出香港，美國、新加坡、日本、澳洲等地的商業信託基金，類別與數目多如天下繁星。

與REITs類似，商業信託基金的派息雖然較穩定，但與股市也有著極為相關的連動性，性質較接近高息公用股，屬於穩定收益資產。

商業信託基金評分

價格穩定性：★★★★★
投資技術簡易度：★★★★★
資金門檻：★★★★★★
交易方便度：★★★★★★
回報／損失可預測性：★★★★★★
抗通脹能力：★★★★★★
綜合懶系指數：★★★★★★

工具⑥：
封閉型高收益債券基金

一向以來香港與台灣銀行、金融機構甚至一些知名人士都對高收益債券基金（簡稱債基）推崇備至，賣點是以此來代替入門門檻較高的債券投資，一檔債基包含起碼過百檔債券，能有效分散風險云云。但他們推介的耳熟能詳的債券基金（例如聯博環球高收益基金、安聯美元高收益基金等）都是屬於開放型基金（又稱共同基金），其缺點也是眾所週知的，例如高認購費、高管理費、「賺息蝕價」等等。

其實，除開放型基金外，債券基金還有封閉型基金（Close-End-Fund, CEF）類型，直接在美國證券交易所上市，無認購費、贖回費、保管費等等，而且無論透明度、交易費用、交易方便度、穩定性都比開放型債券基金優勝得多。

其中最大的分別，開放型基金是永遠的開放，投資者可任意買入沽出，基金規模隨時隨地在改變；封閉型基金則類似股票，只有在首次公開發行（IPO）時才集資，之後就不會有新的資金進來（除非重新募集），投資者就在股市中買賣。這種結構性上的分別，就注定了兩者的穩定性。

開放型基金在牛市時，會因為不斷有投資者的進入投資，又不能持太高比例的現金，只能不斷地高位入貨，甚至因為基金壓力買入些次品；相反，在遇到市場恐慌性贖回時，會被逼沽出好的資產甚至蝕讓，以應付大量贖回，結果很容易高買低沽，所以開放型基金先天結構上就不穩定。

封閉型基金沒有這種缺點，基金經理可以依一貫的投資策略去運作，而且由於結構穩定，彈性較大，封閉型基金還可以做些槓桿交易。另外，封閉型基金是在美股市場上直接買賣，不但無認購費、贖回費、保管費等雜費，而且無論流通性、透明度、交易量也都遠勝開放型基金，內部管理費也都普遍低於著重銷售宣傳的開放型基金。

封閉型基金中的高收益債券基金類，較出名的有Guggenheim Strategic Opp Fund (GOF)、PIMCO Income Strategy Fund (PFL)、AllianceBernstein Global High Income Fund（AWF，即聯博環球高收益基金的封閉型）等等，大多是每月派息，是現金流投資的好選擇。由於大部份封閉型高收益債券基金使用了槓桿，每年的派息超過10%以上的比比皆是。

但美國上市的封閉型高收益債券基金有一個缺點，雖然基金投資的是公司債券（投資者直接投資債券本來是免稅的），派息部份仍要繳交30%預繳股息稅（withholding tax）。如果派息中有部份是Return on capital (ROC)、Foreign source income (FSI)、Short-term / Long-term capital gain distribution (S/T CG or L/T CG)，可以申請部份退稅，但也相當麻煩。將在後面章節詳細分享。

封閉型高收益債券基金評分

項目	評分
價格穩定性：	★★★★★
投資技術簡易度：	★★★★★★
資金門檻：	★★★★★
交易方便度：	★★★★★
回報／損失可預測性：	★★★★★
抗通脹能力：	★★★★★
綜合懶系指數：	★★★★★

工具⑦：
封閉型市政債券基金

手寫：美中不建設市政債

封閉型債券基金中，卻有一類很特別，其派息所得可以豁免繳交30%股息稅，就是投資美國市政債券的債券基金。

市政債券（Municipal Bond）是由美國州政府、地方政府或其他管理當局發行的債券，包括稅收擔保債券、收益債券或混合債券三種。美國是全世界最大的經濟體國家，州政府分而治之，即使只是其中一州，其 GDP 也可以與世界其他國家相比擬。所以，由美國州政府發行的債券，穩定性與還款能力毋庸置疑（當然也有財困的州份）。但外國人直接購買美國市政債券難度較高，免稅的市政債債券基金就是較適合的代替品。而且，由於市政債券有較穩定的特性，基金本身會做適當的槓桿提高回報。

封閉型市政債券基金評分

價格穩定性：	★★★★★★
投資技術簡易度：	★★★★★★
資金門檻：	★★★★★★
交易方便度：	★★★★★★
回報／損失可預測性：	★★★★★★
抗通脹能力：	★★★★★
綜合懶系指數：	★★★★★★

平均來說，雖然市政債券基金的回報較高收益債券基金略低，但波幅較低、穩定性較高，而且與其他金融資產（股票、REITs、公司債券等）的相關系數較低。若在投資組合中加入市政債，不但可以穩定領取派息，更可以降低投資組合波動率，是很適合懶系投資法的現金流工具。

要小心世政risk.

工具⑧：
股票期權

股票期權在懶系投資法中，屬於技術含量較高的工具（雖然股票期權在期權策略中已屬於最入門、最簡單的玩法），也需要較密切地觀察股價，但也不失於在穩定的被動收入外，適當地提高回報率的一種方法。

股票期權最重要的部份，是首先選定一檔波幅較穩定的股票，例如公用股、高息股或REITs，而且投資者一定要不介意長期持有該股票。做法是，在該股票相對低位沽出價外的認沽期權（Short Put）收取期權金。到期時如果股價高於行使價，期權金自然袋袋平安。但即使低於行使價，由於該股票是好的資產，也不妨接貨。然後，在持有該股票的前提下，於價格相對高位沽出認購期權（Short Covered

股票期權評分

價格穩定性：★★★★★

投資技術簡易度：★★★★★

資金門檻：★★★★★

交易方便度：★★★★★

回報／損失可預測性：★★★★★

抗通脹能力：★★★★★

綜合懶系指數：★★★★★

Call）收取期權金。如此不斷 Short Put 與 Short Covered Call、間中入貨出貨，並在持貨期間收取股息，成為半被動的現金流投資。

如果嫌每天監察股價高低位太麻煩且困身，筆者的做法是先選定一堆值得收藏的股票（例如在港股中，筆者會選擇 5、823、1398、939、388、66 等等），月頭至月中看一下圖表，有哪幾隻在相對低位（跌至支持位）或相對高位（升至阻力位），就做那幾隻當月月底（月中做的話就選下個月的月底）到期的 Short Put 或 Short Covered Call。最大原則是要有全部接貨的現金水平，及千萬不能在無貨在手的情況下 Short Naked Call。

股票期權帶來的現金流並不是太穩定，也需要較密切的關注，不算是懶系投資法的主流工具。但此工具除可提高現金流收入外，還可以逼投資者定時參與市場，感受市場氣氛，避免太過懶散而失去投資的學習動力。

工具⑨：
商業發展公司
(Business Development Company, BDC)

BDC是在美國紐約證券交易所或納斯達克證券交易所上市的私募投資公司，利用其資本向美國各地的新創立或中小型公司提供貸款或購買股權，從而尋求比股息或債息更高的收益率。

BDC被視為受監管的投資公司（Regulated Investment Company, RIC），受美國Internal Revenue Code稅法監管，必須將至少90％的應稅收入作為股息分配給投資者，這方面類似房地產信託基金（REITs）。由於BDC的股息率通常都較高及穩定，年息率超過10%的比比皆是，被美國投資者視為穩定收益投資工具。

不過，由於許多BDC主力投資於小型私營企業，因此波幅較高、逆市時價格有大幅下降的風險。此外，BDC的股息也需要繳交30%股息稅。由於BDC的價格與債券等固定收益資產沒有相關性，作為懶系投資法的投資組合一部份，BDC可以使組合更多樣化。

BDC 評分

價格穩定性：★★★★★

投資技術簡易度：★★★★★

資金門檻：★★★★★

交易方便度：★★★★★

回報／損失可預測性：★★★★★

抗通脹能力：★★★★★

綜合懶系指數：★★★★★

 # 總結

此篇旨在簡介一些現金流投資工具的特色，如果讀者看不大明白沒關係，只需要有一些初步印象，筆者會在之後的章節作較深入的分享。一般投資者時間有限，也不可能種種工具都熟悉，研習適合自己的其中兩三種工具就已很足夠。

大家可能留意到懶系投資法應用到的上述工具，有一個特色，就是重視現金流的流入。這其實就是懶系投資法的第一步，以現金流角度去選擇工具，而不以「賺價」或「成長」角度去選擇。

其實適合懶系投資法的工具還有不少，例如債券ETF、高息公用股等等，也不斷有不同投資產品推陳出新，以上工具只是列出筆者較為熟悉的一些，作為拋磚引玉。

接下來的篇章，筆者會就懶系投資法最常用的幾種工具，進行較深入分享。

第三章

直債心法篇

輕鬆跨越
債券門檻

懶系投資法的其中一個主力就是公司債券（香港習慣稱為「直債」），因為投資債券是最容易計算回報率的工具。基本上只要公司不倒閉，並一直持有至到期，投資的那一刻就已經確定了回報率，而中間的價格波幅、利率風險等等大可視而不見。如果不尋求最高報酬率或高沽低買，這幾乎是最適合一般人又最懶的投資方式。

有一點要特別注意，銀行熱銷的開放型債券基金絕對不等於直債。債券基金的整體存續期無法掌控，又沒有到期日，失去了債券到期還本的特點。此外，開放型的債券基金容易受市場氣氛影響而被逼低沽高買，某程度來看就是波動比較低的股票基金。如果整體債券市場走入熊市，債券基金的回報率可能會遠遠低於直債，「賺息蝕價」是司空見慣的事。

債券的最高風險是公司違約的信用風險，一般人以為只要選高信用評級的投資級別、或詳細分析發行公司的基礎因素，就可以消除此風險。可是，這樣只代表該債券的違約機會較小，不代表一定不會違約。記住，

機率很小的事件，不代表不會發生。所以，「分散」——在債券投資中非常非常重要！

可是在香港，直債門檻極高，一般需二十萬美金才能買到一檔，有些門檻低一點的也要十萬美金才能買到。所以不少投資者，都會使用低息融資，一則可賺取息差，二則可以利用融資多投入幾隻直債以分散風險。

如果在香港有開設私人銀行戶口（Private Banking，簡稱PB），債券選擇極多，無論亞洲債、美國企業債或是新興市場債券都可以買到。而且私人銀行還提供低息槓桿融資（OD），還息不還款。此外，投資者更可以在私人銀行買入利率掉期（Interest Rate Swap），以對沖利率風險。

可是，一般私人銀行的開戶最低門檻是100萬至300萬美元，未必人人都有此財力。只擁有普通零售銀行優先戶口的投資者，可購買債券的選擇就變得很少。如想融資的話，零售銀行的貸款利率既高，更只限應用於高投資級別債券之上，而這類債券票息率可能只有三至四厘，息差太窄。此外，在銀行買賣債券，有的收取高昂手續費，有的聲稱不收手續費，但從中「吃價」頗多，變相降低了回報。

在香港，一些本地證券商也提供債券買賣平台，例如輝立、Fundsupermart與一通證券。其中Fundsupermart（總部在新加坡）更可能是香港唯一可購買債券IPO的非PB平台，而且在該平台買賣債券不會被「吃價」，手續費與平台服務費也較合理。但Fundsupermart的缺點仍是入場費較高（十萬至廿萬美元一隻債券）、不能融資、及債券選擇很有限。

至於台灣，近年開始有些銀行或複委託降低了直債的投資門檻，以「斬債」形式售賣直債，最低一萬美元一隻。但缺點仍是收費高、選擇少、難以融資。

但是，假如跳出香港，選擇美資網上證券商的話，你將發現投資債券會變得容易、貼地得多。大型的美資網上證券商，包括TD Ameritrade、Firstrade、Charles Schwab、Interactive Brokers 等等，都可以投資不同級別的公司債券，而且低至1000至2000美元就可以買到一檔，投資者即使不使用融資，以有限資金也可以很容易地營造自己的債券組合。

在美資證券商中，筆者最喜歡使用的是 Interactive Brokers（盈透證券，簡稱IB）。IB的開戶門檻很低，但可供交易的投資產品極多，涵蓋北美、歐洲、亞太區一百多個市場的股票、期權、期貨、權證、金屬、外匯、債券、結構性產品等等，基本上在一個平台就可買到全世界幾乎所有的投資產品，而且交易費用便宜，極適合作為資產配置的平台。唯一缺點，IB平台較少亞洲區債券選擇，一般香港人喜愛的和黃、東亞或中國內房等公司所發行的直債，在IB就多數找不到。

IB的交易軟件平台稱為 Trader Workstation System (TWS)，一般人剛接觸該軟件可能會被其介面嚇倒，覺得複雜繁亂，但其實習慣以後，都會覺得這種專業的介面很全面。

TWS預設了兩種用戶介面，一般人開始可能會選擇「標準模式的交易者平台」（Classic Interface），因其介面較簡單且接近Excel；但筆者更喜歡另一個稱為「魔方」（Mosaic）的用戶介面，一個畫面已容納了股票/債券的基本資料、成交狀況、價格走勢、訂單輸入、交易狀態、股價新聞等等，一目了然非常方便，甚至還內嵌了 Bloomberg TV 的財經電視直播，非常誇張。

在債券投資方面，TWS內建了一個稱為「債券掃描器」（Bond Scanner）的工具來幫投資者篩選債券，無論是公司債、國債、市政債還是新興市場債都可以通過這個工具來進行比較與篩選。

直債
投資心法

選擇公司債時，第一要務，就是先研究公司的體質，基本參考標準有以下各項：

1. **公司行業**：發行債券的公司所處行業最好是穩定及屬民生必須的，例如電訊、銀行、保險、電力或其他公共事業等等，這些行業門檻通常較高，不大賺錢不要緊，穩定勝於一切，如果受到政府的保護當然就更好了。

2. **行業地位**：發行的公司或母公司最好是行業中的龍頭——但這是廢話——凡著名的龍頭公司發行的債券息率可能與美國國債相差無幾，那還不如購買國債算了！通常筆者是不得已地退而求其次，選那些公司市值與資產值較大、有一定歷史、且有一定商譽的。説穿了，就是選那些萬一營運不善也較容易被人收購的公司啦。

3. **護城河**：所謂護城河，簡單説就是公司擁有其他競爭對手難以抄襲的特質。護城河大致可分為無形資產（品牌、專利權、政府執照等）、

客戶轉換成本、成本優勢、網路效應、有效規模等五項，債券發行公司最好擁有起碼其中一項。至於護城河的具體定義，大家在網上Google一下就一大堆了，不再贅述。

4. 財務穩定性：這方面，評級機構的評級只可作為參考及第一重篩選之用。我通常會看公司五年的財務報表，尤其留意其中一些財務數字及其變化。有關這方面的分析，會在「直債選擇篇」中詳細分享。

_P 86_

5. 分散投資：這是最最重要的一環！投資有相當的運氣成份，無論你對發行債券的公司如何有信心，決定以身相許生死與共直至……債券到期，也難保倒霉起來會遇到該公司在到期前突然斷氣的一天——這種結構性風險只有分散投資一途可應付，別無他法！分散投資不止是在債券數目上的分散，還有行業上的分散與年期上的分散。我的標準是，如果你不能持有十檔以上不同公司的債券，那不如去投資債券ETF算了！當然債券也不是分散得愈多愈好，如果持有的債券超過三十檔，一來監察不易，二來風險分散的效應其實已無甚分別了。基本上，組合中如有二十至三十檔債券，就算全部都是胡亂去買的，其違約率就已極接近歷年債券平均違約率了。

以上所説，好像相當複雜，似與投資股票相差無幾。但其實除了財務報表一項要花一點點時間去看之外（筆者通常也只是很粗略地看幾個數字而已），其他就只是比較不同公司債券時的考慮標準而已。而且這些所謂分析與判斷標準，筆者覺得充其量只能作為判斷該公司十年內會不會倒閉的依據。筆者個人甚至以為，這些分析也只是盡人事、聽天命——誰又有能力百份百去肯定一間公司幾年內會否倒閉？所以，分散才是王道，分散才是王道，分散才是王道（重要的事再説三次）！

實戰案例——
來寶集團債券

在繼續詳述選擇債券的步驟前，筆者先分享數年前一次失敗的債券投資：來寶集團發行的 Noblsp Corp 6.75 Jan29 '20 債券。這是一隻 2020 年 1 月 29 日到期、票息率 6.75%、發行時屬投資級別的債券。

首先介紹一下來寶集團的背景，來寶集團（Noble Group）是一家香港公司，曾於港交所上市，後轉為在新加坡股票交易所上市。公司主要業務是自然資源與原材料的商品交易，包括棉花、穀物、咖啡、煤炭、鐵礦石、鋼材、鋁材以及清潔油品等等，一度是亞洲第一商品巨頭。

2015 年 2 月研究機構「Iceberg」發表報告，指來寶利用會計手段在報表中虛報獲利，加上大宗商品的價格大幅下跌，造成投資者對來寶的信心減少。2020 到期的來寶債券，債價由 112 美元跌至最低接近 70 美元，之後反彈至 80 美元以上，孳息率超過 12%，要知道，當時該債券還是穆迪評級為 BAA3 的投資級別債券呢！

當年筆者投資債券的經驗尚淺，未完全擺脫炒股票的思維，覺得這是一次性的壞消息，就以炒股票心態在 80 元左右追入了。以現在筆者的揀

債標準來看，來寶負債太高、商品業務收入極不穩定，其債券其實是不適合投資的。

之後如筆者所料，來寶的債價雖曾因全球原料價格大跌而再度暴跌，但其後隨著壞消息慢慢淡化，價格回升至98美元，已差不多返回發行價。

兩年後的2017年5月9日，來寶突然公佈由於「嚴峻的營商環境」及「煤炭價格的不尋常波動」，集團2017年首季淨虧損約1.3億美元，大出市場意料之外。之後負面消息接踵而至，包括大宗商品市場低迷、盈利能力下滑、中化放棄收購其股份、信評遭各大機構大幅調降等，其股價一瀉千里跌了九成，債價也一樣崩盤式暴跌，一天內由97-98美元跌到40美元左右！

然後，來寶集團開始一系列的垂死掙扎，賤賣資產、高息再融資、債務重組等財技層出不窮，但仍擋不住不斷持續的高負債、虧損以及有關使用會計手法欺騙投資者的指控衝擊，至2018年，該公司市值只剩下頂峰時期120億美元的零頭水平。

2018年第一季，來寶集團向所有債權人提出了以債還債的提議，即以更長期的新債來償還舊債。筆者實在沒有興趣再與這間不斷玩弄財技來避免清盤的公司虛耗下去，就在接近50美元的價格將所持的來寶債券全數沽出止蝕了。之後來寶以債還債的動議通過了，新債並不公開買賣，而舊債的最後交易價好像是30美元以下。來寶集團也完成重組成為一家名為Noble Group Holdings Limited（新來寶）的非上市公司，繼續苟延殘喘。

實戰心得——
來寶的教訓

總結來寶債券帶來的教訓，有以下幾點：

第一點，理財絕對不可以懶。雖然筆者提倡的是「懶系投資法」，但這個「懶」字，指的是投資方法宜盡量簡單、容易計算，及不需太多時間監察與頻密買賣，但絕對不是對投資組合置之不理。

第二點，炒股票與投資債券的思維模式不同。炒股票可以小博大（或以大博大），壞消息入市，博取股價大幅反彈；投資債券則是以大博小，投資大而收益少，但防守力強，所以債券發行人的穩定性最重要。以炒股票的思維投資債券，或以投資債券思維來炒股票，皆屬錯配。

第三點，請先看下面一幅圖表：

Average cumulative issuer-weighted global default rates by alphanumeric rating, 1998-2018

	1	2	3	4	5	6	7	8	9	10
Aaa	0.00%	0.03%	0.03%	0.03%	0.03%	0.03%	0.03%	0.03%	0.03%	0.03%
Aa1	0.00%	0.00%	0.00%	0.00%	0.03%	0.08%	0.09%	0.09%	0.13%	0.21%
Aa2	0.00%	0.01%	0.14%	0.28%	0.37%	0.47%	0.57%	0.69%	0.85%	0.99%
Aa3	0.05%	0.13%	0.18%	0.24%	0.37%	0.52%	0.76%	0.96%	1.08%	1.22%
A1	0.10%	0.23%	0.40%	0.60%	0.84%	1.11%	1.39%	1.66%	1.87%	2.11%
A2	0.07%	0.19%	0.36%	0.54%	0.79%	1.18%	1.57%	2.00%	2.52%	3.12%
A3	0.07%	0.18%	0.39%	0.59%	0.89%	1.07%	1.32%	1.63%	2.03%	2.42%
Baa1	0.14%	0.36%	0.60%	0.84%	1.02%	1.23%	1.42%	1.59%	1.76%	2.03%
Baa2	0.18%	0.41%	0.65%	0.91%	1.12%	1.37%	1.61%	1.86%	2.19%	2.52%
Baa3	0.24%	0.57%	0.97%	1.40%	1.91%	2.37%	2.81%	3.37%	3.88%	4.50%
Ba1	0.29%	1.12%	2.02%	2.84%	3.93%	4.85%	5.65%	6.32%	7.16%	8.14%
Ba2	0.67%	1.63%	2.78%	3.93%	5.02%	5.82%	6.57%	7.77%	9.12%	10.65%
Ba3	0.87%	2.46%	4.32%	6.47%	7.98%	9.51%	11.18%	13.06%	14.84%	16.38%
B1	1.20%	3.65%	6.43%	9.29%	11.91%	14.25%	16.58%	18.68%	20.74%	22.64%
B2	2.68%	7.06%	11.62%	15.95%	19.26%	22.21%	24.73%	26.94%	29.08%	30.99%
B3	3.63%	8.87%	14.58%	19.46%	23.63%	27.20%	30.13%	32.80%	35.41%	37.50%
Caa1	4.44%	10.49%	16.39%	21.57%	26.16%	29.71%	32.60%	35.06%	37.91%	40.55%
Caa2	8.57%	16.36%	23.49%	29.86%	34.94%	39.52%	43.77%	48.02%	51.21%	51.88%
Caa3	19.52%	32.55%	41.00%	46.30%	51.04%	54.96%	58.10%	60.51%	61.04%	61.04%
Ca-C	32.94%	44.16%	51.67%	56.44%	59.35%	60.69%	63.34%	65.18%	66.14%	66.14%
IG	0.11%	0.27%	0.47%	0.68%	0.91%	1.15%	1.40%	1.67%	1.97%	2.29%
SG	4.07%	8.24%	12.18%	15.60%	18.39%	20.68%	22.69%	24.53%	26.32%	27.88%
All	1.73%	3.44%	5.00%	6.29%	7.33%	8.18%	8.91%	9.59%	10.24%	10.86%

Source: Moody's Investors Service

1998-2018穆迪評級債券十年累積違約率

上表是不同的穆迪評級債券十年累積的平均違約率，許多銷售人員會拿來作為推銷債券之用，例如遊說客戶投資十年期穆迪A級債券時，就説違約率最多只有2.42%，差不多是安枕無憂云云。

但是，這種説法極有誤導性。表面上投資級別債券違約率很低，可是但凡一間公司違約，一定不會無緣無故，出事前一定已有不少負面消息，或減低股息、或業績倒退、或錄得巨大虧損、或行業不景氣等等，在負面消息公佈後，評級機構一定第一時間將其評級降低。負面消息愈多，評級降得愈低。到公司真的違約了，其實公司的評級早已不是你當初買入的級別了。

以來寶集團的債券來説，筆者當初投資時還是屬於穆迪Baa3的投資級別，照上表所統計，五年期債券出事機會率應低於1.91%。但一出事，評級就極速降至Caa1，違約機會已接近三成！所以投資高級別債券，不代表真的可以永久保持買入時的低違約率，因為由買入日至到期日，級別是可以隨時調整的！這也是筆者經常提到的，評級機構的評級，只能作為參考。

第四點，高負債的公司，尤其是像沒有甚麼實質資產、只靠不斷借貸來營運的公司，即使業務如何出色，也不適宜投資其債券。因為這種高借貸的公司，一旦行業不景氣或業務不理想，市場就會因信心問題縮減信貸，使現金鏈斷裂。

具體來説，負債高的公司如果在某事件上有決策錯誤（例如來寶在煤礦的對沖交易上押錯注而虧損、或國泰對沖期油失敗），即使是屬一次性事件，虧損金額也不一定很大，卻往往可能使市場對其前景產生焦慮，導致評級機構降其評級，再導致銀行收緊信貸，再導致即將到期的債務很可能償還不了，一連串骨牌效應下，就容易淪落到面臨被重組或清盤的境地。這就是所謂周轉性風險，也是債券投資者最忌的風險之一。

在投資股票角度，總是以資產報酬率（ROA）、股東權益報酬率（ROE）等去衡量一間公司的價值。但這套方法不能直接套用在債券投資上，尤其是高ROE的公司，表面上是用同樣的股東權益賺到更多的錢，但也可能是使用了高槓桿之故。

高負債或高借貸對一間公司來説是雙刃劍，業務好時當然可以因槓桿效益而使收益大增（例如中國房地產公司），業務差時卻隨時「收檔」。如果你看好這種公司的業務，應該是投資其股票，而絕不是投資其債券。

因為投資其股票才能分享其高槓桿帶來的高效益，達致資產增值的目的。相反，債券持有人只是債主，是分享不了公司的高效益的。

投資股票可以選擇看好其生意前景的業務型公司，甚至高負債公司，利用其借貸的槓桿倍大公司業務以增加公司盈利，成為推動股價的動力。但投資債券則不同，應該優先選擇資產型公司，因為公司業務做得好不好，其實不太關你的事，只要做到維持經營，即使年年沒得賺甚或有一點點蝕本都不要緊，還得起錢就行了。萬一清盤，資產型公司擁有的資產也較難使你完全血本無歸。

這就是為何真正使炒股票者發達的增長股大多是業務型公司或高負債公司，例如騰訊、Google、Facebook，甚至是使某Blogger提前達到財務自由的中國恒大（3333）等等。

有些人炒股票，噢，對不起，是投資股票，自詡為價值投資者，卻只會去找一些股價比資產淨值有折讓的公司買入，然後長期持有，博有一天其股價會升回資產值淨值。卻不知真正優秀的公司，成立目的就是為了做生意，不需依靠太多資產而業務出色的公司才是真正有增長潛力的公司，因此往往有其溢價存在，這種業務型公司的股票才是值得投資的。而資產型公司，業務不出色的話，理論上股價就應該比資產淨值有折讓，因為你雖然買了該公司的股票，卻沒有該公司資產的管理權與主動權。以收租股與REITs為例，如果收益率比自己買樓收租還低，那還不如直接去買樓收租，因為表面上你通過持有該公司股票來持有該公司的物業收租，其實根本沒有管理權與主動權，還要養一大班不知甚麼人來做管理層，時不時使用財技去侵蝕你的資產收益。

資產型公司股價應該有折讓的另一原因，就是許多會計上的資產並不等於真正資產。真正的資產最好是現金、黃金或公司物業，萬一公司清盤，這些資產就真的可以變現。其他的，例如存貨、廠房設備、商譽等等，在會計上雖算是資產，卻沒有客觀上的價格，在清盤時很可能就是垃圾，一錢不值。那些只懂看著財務報表上的資產數字來尋找價值股的人不可不察。

懶系投資法注重的是現金流而不是求增長，並不尋求高難度的業務型公司，所以在香港股票方面，勉強只有房地產信託類（例如778、405）、商業信託類（例如6823、2638）或少數公用股（例如兩電一煤）較適合，因為這些都是業務較穩定且有派息保證的。其他的所謂高息股，包括內房股、濠賭股、內銀股等等，表面上高息，但公司可隨時停止派息，不需任何理由。

總之，了解投資股票與債券心態上的分別，就明白為甚麼這麼多人投資中國大陸的房地產股，但這些公司（例如碧桂園、中國恒大等）發行的債券，即使息率超過十厘，投資者也寧願去買公司市值與收入都少得多、息率只有兩三厘的太古集團債券。

第四章

直債選擇篇

拆解債券的
償還優先權

以同一公司發行的債券與股票而言，其債券的風險遠較投資其股票為低，除了因為債券回報的可預見性外，債券的保障程度較高是另一個主要原因。

在最壞情況下，當一間公司（即債券或股票發行人）被清盤後，公司或其擔保人需要將清盤後的資產依償還先後次序進行欠款償還。基本上，清盤公司將依據下列的次序償還債項：

1. 清盤相關法律開支與政府稅項；

2. 僱員欠款；

3. 債權人（即債券持有者）；

4. 優先股持有人；

5. 普通股持有人。

就是說，一旦公司違約，除法律開支與僱員欠款外，需先償還債權人（債券持有者）的債務，有剩餘資產才償還給股票持有人（股東）。但是，不同種類的債券優先權不同，優先權順序如下：

1.第一留置權債券（First Lien Bond）與優先擔保債券（Senior Secured Bond）

這兩類債券都是償還優先權最高的債券，因為是由債券發行人以特定資產（例如物業及設備）或收入作抵押而發行的。當發生違約事件時，被抵押的資產將用於償還債務。分別只是第一留置權債券的償還優先權在優先擔保債券之前。

2. 優先無擔保債券（Senior Unsecured bonds）

無特定的資產作為擔保，單靠發行公司的信用而發行的債券。在美國債券市場上交易的，多數都是這類債券。由於公司發行此類債券時無需資產作抵押，投資者只能通過財報數字或信貸評級來評估風險。

3. 無擔保債券（Unsecured bond）

與優先無擔保債券相似，但償還優先權在優先無擔保債券之後，另一名稱為優先次順位債券（Senior Subordinated Bond）。此類債券多見於交易所交易債券（ETD）。

4. 次順位債券 (Subordinated bond)

次順位債券的「次順位」，是針對債務的償還順序而言，其償還優先權在有擔保債券、優先無擔保債券與普通無擔保債券之後。許多交易所交易債券（ETD）都屬於此類。

5. 低次順位債券 (Junior Subordinated bond)

低次順位債券是所有債券種類中，償還順序最低的，但仍在優先股與普通股之前，也多見於交易所交易債券（ETD）。

根據評級機構穆迪的統計，1983至2018年間違約的公司債券，每年不同類別的債券償還率（Recoveries Rate）分佈如下：

Annual defaulted corporate bond and loan recoveries*
In percent

Year	Loan 1st Lien	Bond 1st Lien	Sr. Unsec.	Sr. Sub.	Sub.	Jr. Sub.	All Bonds
1983	n.a.	40.00	52.72	43.50	41.14	n.a.	44.53
1984	n.a.	n.a.	49.41	67.88	44.25	n.a.	45.49
1985	n.a.	83.63	60.16	29.68	39.68	48.50	43.60
1986	n.a.	59.22	50.42	46.76	40.36	n.a.	46.75
1987	n.a.	71.00	63.75	46.50	46.89	n.a.	51.90
1988	n.a.	55.40	45.24	31.41	33.77	36.50	38.54
1989	n.a.	46.54	43.57	35.72	26.81	16.85	32.54
1990	72.00	33.91	39.16	25.63	19.50	10.70	25.90
1991	67.88	48.39	36.66	41.82	24.42	7.79	35.51
1992	60.58	62.05	49.19	49.40	39.04	13.50	45.99
1993	53.40	n.a.	37.13	51.91	44.15	n.a.	43.08
1994	67.59	69.25	53.73	29.61	39.01	40.00	45.57
1995	75.44	62.02	47.60	34.30	41.54	n.a.	43.28
1996	95.48	47.58	62.75	43.75	22.60	n.a.	41.54
1997	91.31	72.00	56.10	44.73	33.10	30.58	47.56
1998	56.67	46.92	39.54	44.99	19.19	62.00	38.30
1999	73.55	39.14	38.02	26.91	35.64	n.a.	34.31
2000	68.82	39.21	24.16	20.75	31.86	15.50	25.24
2001	64.87	31.74	21.24	19.82	15.94	47.00	21.58
2002	58.40	50.62	29.53	21.39	23.40	n.a.	29.49
2003	73.43	69.20	41.87	37.82	12.31	n.a.	41.38
2004	97.74	73.25	52.09	42.33	94.00	n.a.	58.50
2005	93.78	69.21	54.88	32.77	51.25	n.a.	56.52
2006	93.60	74.63	55.02	41.41	56.11	n.a.	55.02
2007	68.63	82.31	53.65	56.15	n.a.	n.a.	55.06
2008	61.69	52.46	33.53	23.32	29.47	n.a.	34.12
2009	53.63	37.30	36.72	23.10	45.31	n.a.	33.92
2010	70.87	57.63	50.69	37.50	33.66	n.a.	51.46
2011	70.95	70.45	41.31	36.66	31.89	n.a.	45.70
2012	66.44	57.60	43.28	33.75	37.35	n.a.	44.51
2013	76.17	68.91	44.98	20.71	26.36	n.a.	46.13
2014	79.96	73.56	46.97	39.08	39.78	n.a.	48.52
2015	64.06	54.75	37.56	36.60	59.55	14.00	40.62
2016	75.05	47.57	31.45	36.72	24.50	0.63	36.07
2017	69.19	65.91	55.07	38.00	50.20	27.17	56.75
2018	71.07	56.75	49.75	45.63	n.a.	n.a.	51.65

*Measured by trading prices
Source: Moody's Investors Service

1983-2018 違約公司債券償還率

根據上表統計，當一間公司倒閉，債券持有人可以拿回大約三至五成多的本金。至於股票持有人，可以想像，都是一分錢都拿不回來了。

怎樣
購買債券

一般的直債交易並沒有統一的公開交易所進行電子自動對盤（在交易所上市的ETD類債券除外），都在Over-The-Counter (OTC)市場交易。不同的OTC市場各自交易同一債券，情況有點像地產公司各自代理同一樓盤，互不相通且透明度較低。證券商或銀行為客戶買賣直債時，可能會以客戶的出價同時詢問數個OTC市場，以尋求最接近的對盤。以最大的美國網上證券商Interactive Brokers (IB)為例，OTC市場包括BondDesk、IBKRATS、市政中心（MuniCenter）、紐交所債券所（NYSE Bonds）等等。

因此，買賣債券的手續費包括：證券商所收佣金、付給上手債券持有人的應付利息、以及OTC的外部交易費用。由於各OTC的交易費用有所不同，在不同OTC成交時所付費用有差，有些人因此誤會IB交易費浮動，有「偷雞」之嫌。其實恰恰相反，這正是由於IB的透明度比一般銀行高所致。而很多銀行表面上沒有收取佣金與OTC費用，其實是以「吃價」來補償其中的交易費用。

直債與股票不同，在債息計算方面很公平，以日計算，持有多久就可收到多少利息，價格也沒有除息效應。買賣債券的手續費除交易費用與佣金外，還要付給上手債券持有人應收利息（由上次派息日計至交易日），有些投資者甚至因此失去預算。但這付出的額外利息，在下次派息時會全數付回，投資者並無實際上的損失。

債券投資這類固定收益類型的產品，講求的是穩定度，尤其在打算融資以提升報酬率的策略下，投資物價格本身是否穩定更是重要。但事物往往一體兩面，最穩定的投資物，回報也最少，如何在風險與回報中取得平衡，其實某程度上也是一種藝術。而且，我們真的能保證發行公司在到期日前基本因素可以保持不變嗎？所以筆者並不主張一味追求穩定、或一味追求回報，總是在重申資產配置與分散的重要性。

如何判斷債券的
合理價格

很多投資者初次投資債券時，都會問一個問題：甚麼價格才是合理呢？

由於債券屬固定收益資產，判斷債券價格是否合理，評估的應該不是其價格，而是其派息率（台灣稱為配息率）。派息率的合理與否，基本上是視乎發行公司的信貸評級與債券年期。一般來説，評級愈低、年期愈長，代表投資者要承擔的風險愈高，報酬率就應該愈高，以彌補投資者對高風險的承受。這種額外增加的報酬率，稱為風險貼水（Risk Premium）。

但派息率分為票息率（Coupon Rate）與孳息率（Yield，台灣譯為殖息率）兩種，不少債券投資新手有所混淆，不知道應該看哪一個。票息率即債券的年利息除以票面價值（一般直債票面價值為100，ETD則為25），但實際上，除非你在債券IPO時購入債券，否則票息率只供參考。因此，投資者真正要衡量債券價格是否合理的，應該是孳息率。

孳息率又分三種：

1. 現時孳息率（Current Yield）：將債券現時年度利息金額除以現時的債券價格，以年率計算的回報率。

2. 到期孳息率（Yield to Maturity, YTM）：假設你持有債券直至到期日，以年率計算的回報率。在計算過程中，會把債券到期時的潛在資本收益或虧損考慮在內。

3. 至通知贖回時孳息率：由持有債券至接獲贖回通知時的年度回報率，只適用於可贖回債券（Callable bond）。

→ YTC

一般溝通來說，如果不指明的話，孳息率多數是指第二種，即到期孳息率（YTM）。

投資者評估債券孳息率是否合理時，通常使用美國國債（台灣稱為美國公債）作為衡量的基準（Benchmark）。因為理論上，美國政府是世界上最沒有可能違約的發債體（真還不了債只要開動印鈔機就行了），其發行的國債被投資界視為接近無風險的債務。以下是執筆時不同年期的美國國債的孳息率（台灣稱為美國公債殖息率）：

美國			
債券名稱	資料日期	殖利率(%)	漲跌
美國2年公債	2019/06/10	1.90000	0.05000
美國5年公債	2019/06/10	1.91000	0.06000
美國10年公債	2019/06/10	2.15000	0.06000
美國30年公債	2019/06/10	2.62000	0.05000

美國國債二至三十年孳息率（來源：Moneydj網站）

其實不止債券，幾乎所有固定與穩定收益資產，評估其價格的合理性都應該使用美國國債作為評估基準之一。以公司債券來說，由於風險一定比美國國債高，報酬率也一定要較高，至於高多少，很視乎公司本身的信評與質素。

以十年期來説，一般十年期的較高投資級別公司所發行的債券（穆迪評級 A3 或標準普爾 A- 以上），其孳息率大約比同年期美國國債高 1-1.5%。較低的投資級別公司債券（穆迪評級 BAA3 至 BAA1 或標準普爾 BBB- 至 BBB+），則高 1.5-3.3% 左右。而非投資級別債券（高收益債券，又稱

垃圾債券），例如穆迪評級 B3 至 BA1（或標準普爾 B- 至 BB+）的，則很視乎公司的基本因素變化，其十年期債券孳息率由 5% 至 20% 都有。至於穆迪評級 B3 或標準普爾 B- 以下的債券，就真的是垃圾級數了，要冒公司隨時倒閉的風險，敢於投資其上的人，或是投機性質很強、或是分析財報能力很強、或是心臟很強。

但是，即使同一級別債券，愈短年期，其相對同年期美國國債的風險溢價愈低，反之愈長年期的債券，相對風險溢價愈高。至於其餘的差異，就視乎公司的個別因素了。

當市場認為美國的經濟可能衰退時，會預測聯儲局可能減息刺激經濟，就可能發生短年期美國國債孳息率比長年期更高的情況（例如二年期國債孳息率高於五年期國債孳息率），稱為債息倒掛，投資債券時要把這些利率因素考慮進去。

美國國債的孳息率隨美國聯儲局加減息步伐與市場環境而不斷變動，為債券的價格帶來利率風險，這方面將在之後的風險篇內再詳細分享。

P.204

債券篩選專家——
IB 債券掃描器

許多債券投資新手，一旦開設了美資證券商戶口，例如盈透證券（IB），都有劉姥姥進入了大觀園的感覺，根本無從入手。無他，美國債券市場實在太大，市值超過美國股市總市值一倍以上，而且美國企業債券市場也是世界上最成熟的，發債規模屢創新高，選擇數以萬計，實在琳琅滿目，如何入手才是？

如果是使用IB作為投資平台，IB的交易軟件平台 Trader Workstation System（TWS）已內建了一個稱為「債券掃描器」（Bond Scanner）的工具，可供投資者篩選債券。篩選條件包括票息率、孳息率、市場債格、派息頻率、到期日、貨幣、穆迪/S&P評級、可否提前贖回、行業等等，投資者可以考慮用此工具作為第一重篩選。

例如，投資者可以篩選2023年底之前到期（短債）、以市場賣價（Ask Price）計算的孳息率在6%以上、穆迪評級B3以上的債券，並按到期日由近至遠排列，如下圖所示：

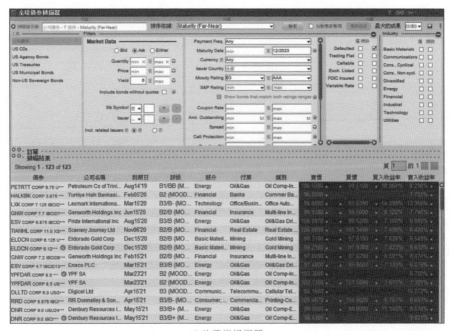

IB 的債券掃描器

債券掃描器還允許用戶把篩選條件儲存下來，下次再篩選就不用重新輸入。以「Ask Yield」（賣出孳息率）而不是「Bid Yield」（買入孳息率）或「Either Yield」（即 Ask/Bid Yield）為篩選條件的原因，是要避免篩選出一大堆只有買價、卻沒有賣價的債券。在市場上，有很多債券只有人出很低的價格想買，卻根本沒人在賣（偶而有賣價，但價差比黃河還闊），根本成交不了，這些筆者都統稱為「廢債」。曾經有網友問過筆者幾檔根本沒有成交的廢債是否值得投資，筆者只回他五個字：「勿浪費時間」。

找到候選債券後，拉到監察名單，就可開始分析其基本因素。筆者以一隻DISH DBS Corp.（DISH Network Corp.的子公司）發行的DISH CORP 5.875 Jul15 '22的債券為例，該債券的到期日為二零二二年七月到期，穆迪評級為B1，執筆之日，買價/賣價為96/96.08，到期孳息率介乎7.225%至7.255%，如下圖所示：

DISH CORP 5.875 Jul15 '22

IB的債券評級是需要訂閱債券評級月費才能顯示出來，沒有訂閱的話，自然也不能用評級去篩選債券。雖然債券評級可以上評級機構網站免費查詢，但筆者個人建議如果真要在IB投資債券，還是訂閱比較好，因為月費只是承惠美金一元（未滿十萬美元淨資產而需繳交IB月費的帳戶，可在月費內扣），但對日後的操作方便得多。

要進一步了解此債券，首先可在IB內檢閱債券的基本合約資料。在IB TWS的Watch List內右鍵點擊該債券，選擇「金融產品資訊」——「描述」，即出現債券資料摘要。

DISH DBS Corp	
相關產品代碼	DISH
產品種類	BOND
CUSIP碼	IBCID114924018
描述	DISH 5 7/8 07/15/22
發行日期	OCT 09 '12
屆滿日期	JUL 15 '22
息票	5.875
支付頻率	半年度
面值	1000.0
可轉換	否
可贖回	否
可回售	否
評級	B1/B-
評級機構	MOODY/SP
債券發行者類型	CORP
未償付金額	1,998M
交易所上市	否
發行國家	US
母公司所在國	XX
貨幣	USD
交易所	SMART

DISH CORP 5.875 Jul15 '22債券資訊

基本上重要的債券資訊都已總結出來。這些資訊很容易看，其中一些重點包括：

1. **CUSIP碼**：全稱為 Committee on Uniform Security Identification Procedures，是美國銀行家協會委員會統一的證券代碼，在任何債券平台用此代碼可直接找到此債券（但在 IB 平台，必須訂閱 CUSIP 服務才會顯示債券的 CUSIP 碼，否則以 IB 的內部識別碼來代替）。

2. **描述**：由描述已可大致知道債券的大致資料。DISH 5 7/8 07/15/22 代表此債券由 DISH 或其子公司發行，票面息率 5.875%（以 IPO 價的 100 美元計算），2022 年 7 月 15 日到期。

3. **支付頻率**：半年度，表示半年派息一次，每年七月與一月派息。

4. **可贖回**：否，即這是一張不可提早贖回的債券。發行公司必須等至到期日才可以 IPO 價（一般為 100 美元）收回債券，除非公司違約或向債權人發起自願贖回選項。

5. **未償付金額**：1,998M 美元，就是指此債券的流通量。

留意這是一張不可提早贖回債券，不用考慮提前贖回的問題。但如果是可提早贖回的債券，就要留意可贖回日期與贖回價格。如果提前贖回日期太近，而投資者又以高於贖回價的價格買入（例如提前贖回價為 100，投資者以 102 的價格買入），由於公司有權在贖回日以贖回價格回購債券（即使債券其實未到期），投資者就會錄得虧損。

超有用
債券網站

如果投資者並沒有IB戶口或其他證券商戶口，仍可以使用一些公開的債券網站搜尋債券，包括FINRA與Markets Insider。

1. FINRA（Financial Industry Regulatory Authority）

http://finra-markets.morningstar.com/MarketData/
CompanyInfo/default.jsp

FINRA是美國國會授權的非營利組織，扮演監管經紀行業、保護美國投資者的角色，其網站提供了一般美國企業債券的市場訊息。

進入網站後，在「Get a Quote」中，輸入公司上市編號或公司名稱的一部份，例如「DISH」，網站會自動顯示你可能在找的公司。

FINRA網頁畫面（一）

找到公司資料後，在公司的Profile中，選擇「Bond Issues」，再選擇「More Bond Information」。

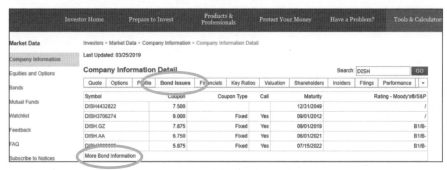

FINRA網頁畫面（二）

所有關於DISH Network Corp.或子公司發行的債券都會列出來。

Bonds

Bond Results

Issuer Name	Symbol	Callable	Sub-Product Type	Coupon	Maturity	Ratings Moody's®S&P		Last Sale Price	Yield
BB LIQUIDATING INC	DISH4432822		Corporate Bond	7.500	12/31/2049				
BLOCKBUSTER INC	DISH3706274	Yes	Corporate Bond	9.000	09/01/2012			0.001	
DISH DBS CORP	DISH.GZ	Yes	Corporate Bond	7.875	09/01/2019	B1	B-	101.847	3.501
DISH DBS CORP	DISH.AA	Yes	Corporate Bond	6.750	06/01/2021	B1	B-	102.875	5.331
DISH DBS CORP	DISH3903065	Yes	Corporate Bond	5.875	07/15/2022	B1	B-	97.226	6.823
DISH DBS CORP	DISH3996225	Yes	Corporate Bond	5.000	03/15/2023	B1	B-	89.975	7.996
DISH DBS CORP	DISH4046121	Yes	Corporate Bond	5.125	05/01/2020	B1	B-	100.556	4.595
DISH DBS CORP	DISH4202393	Yes	Corporate Bond	5.875	11/15/2024	B1	B-	84.250	9.550
DISH DBS CORP	DISH4411380	Yes	Corporate Bond	7.750	07/01/2026		B-	87.750	10.171
DISH DBS CORP	DISH4007391		Corporate Bond		05/15/2023		B+		
DISH DBS CORPORATION	DISH4181915		Corporate Bond	5.875	11/15/2024			100.000	
DISH DBS CORPORATION	DISH4372381		Corporate Bond	7.750	07/01/2026			106.500	
DISH DBS CORPORATION	DISH.GY		Corporate Bond	7.875	09/01/2019				

FINRA網頁畫面（三）

選擇任何一檔債券按入則可得到該債券的詳細資料，例如DISH CORP 5.875 Jul15 '22的詳細資料會顯示如下：

DISH DBS CORP

Coupon Rate	Maturity Date	Symbol	CUSIP	Next Call Date	Callable
5.875%	07/15/2022	DISH390306525470XAJ4		—	Yes

Last Trade Price	Last Trade Yield	Last Trade Date	US Treasury Yield
$97.23	6.823%	03/22/2019	—
Trade History		Prospectus	

Price/Yield Chart

Price Chart Yield Chart

10/02/2012 - 03/22/2019
— Price   Zoom: 5D 1M 3M YTD 1Y 3Y 5Y 10Y Max

Price $

108.00

102.00

Date : 03/14/2016
Price: $96.75

96.00

90.00

Classification Elements

Bond Type	US Corporate Debentures
Debt Type	Senior Unsecured Note
Industry Group	Miscellaneous
Industry Sub Group	Media/Communications
Sub-Product Asset	CORP
Sub-Product Asset Type	Corporate Bond
State	—
Use of Proceeds	—
Security Code	—

Special Characteristics

Medium Term Note	N

Credit and Rating Elements

Moody's® Rating	B1 (04/25/2018)
Standard & Poor's Rating	B- (12/05/2018)
TRACE Grade	High Yield
Default	—
Bankruptcy	N
Insurance	—
Mortgage Insurer	—
Pre-Refunded/Escrowed	—
Additional Description	Senior Unsecured Note

Put & Redemption Provisions

Call Date	Call Price	Call Frequency
—	—	Continuously

Put Date	Put Price	Put Frequency
—	—	—

Issue Elements

Offering Date	09/10/2012
Dated Date	05/16/2012
First Coupon Date	01/15/2013
Original Offering*	$1,998,000.00
Amount Outstanding*	$1,998,000.00
Series	—
Issue Description	—
Project Name	—
Payment Frequency	Semi-Annual
Day Count	30/360
Form	Book Entry
Depository/Registration	Depository Trust Company
Security Level	Senior
Collateral Pledge	—
Capital Purpose	—
*dollar amount in thousands	

Bond Elements

Original Maturity Size*	1,998,000.00
Amount Outstanding Size*	1,998,000.00
Yield at Offering	—
Price at Offering	—
Coupon Type	Fixed

FINRA 網頁畫面（四）

重要的資料，包括債券的CUSIP編碼、票息率、到期日、最後成交價、孳息率、評級、債券走勢圖表等等皆齊備，甚至債券歷史交易記錄（Trade History）與招股書（Prospectus）也有提供。

另一個方法，就是直接進入http://finra-markets.morningstar.com/BondCenter/Default.jsp，選擇「Search」，再選擇「Advance Search」，就可以用不同的條件，包括票面利率、信用評級、到期孳息率、市場價格等等來搜尋債券，如下圖所示：

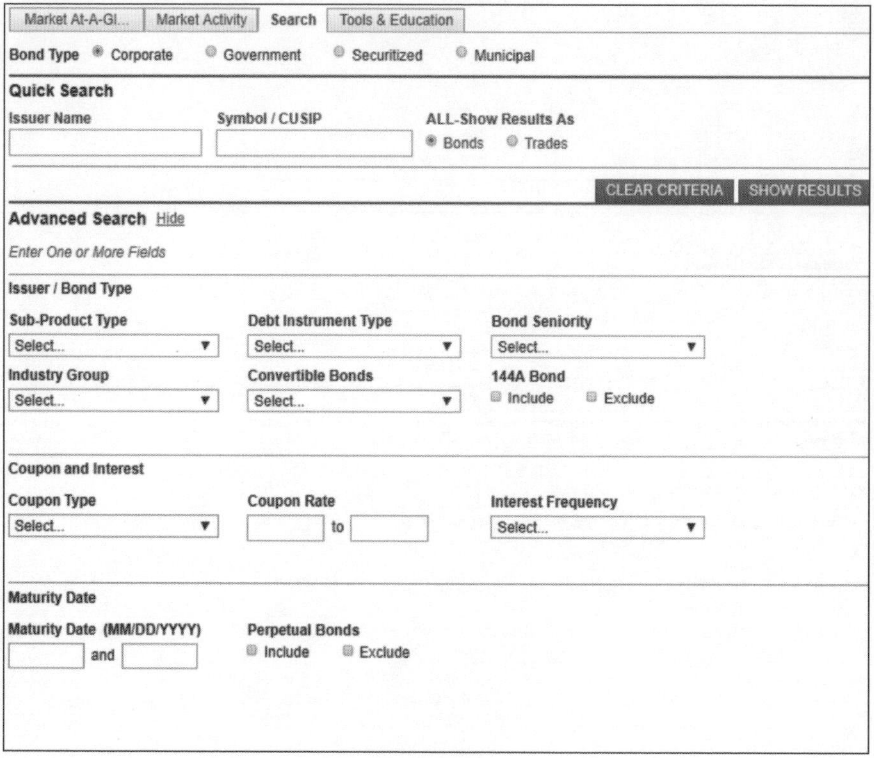

FINRA網頁畫面（五）

2. Markets Insider

http://markets.businessinsider.com/bonds/finder

Markets Insider是另一個查詢債券的工具，勝在更簡單易用，亦可使用發行公司、年期、孳息率等條件進行搜尋，如下圖：

Markets Insider網頁畫面

Markets Insider網站的債券搜尋操作方法與FINRA網站大同小異，在此不再贅述。

懶系債券
分析法

美國公司太多，大多數投資者都不太熟悉，所以公司的基本因素一定要花一點工夫去研究一下。如果投資者對英文不熟悉，可以先到MoneyDJ美股網的個股資料找一下有沒有這間公司的資料（https://money.moneydj.com/us/basic/basic0001/DISH）。

中文名稱		交易所	Nasdaq
地址	9601 S. Meridian Blvd.,Englewood,Colorado 80112,United States Of America	公司網址	http://www.dish.com
市值	7,395,139,884 (2019/03/21)	流通股數	229,448,957 (2018/12/31)
員工人數	16,000	股東人數	6,384 (2018/12/31)
所屬指數	標普五百指數,美國消費服務指數	所屬產業	數位電視,影音娛樂
經營概述	Dish Network Corp. (股票代碼：DISH)成立於1980年，總部位於科羅拉多州恩格爾伍德。公司主要透過子公司在美國提供付費電視服務。公司業務分為DISH與無線二大類。以自有品牌「DISH」提供視頻服務，也提供節目收視組合包含地區性和專業的體育頻道、付費電影頻道、以及拉丁裔及國際節目透過國家廣播網、地方廣播網、國際及地區纜線網路、接收系統傳送。也以自有品牌「dishNET」提供衛星寬頻服務、有線語音、寬頻服務，以及線性串流OTT服務，包含新聞和兒童節目、隨選視訊節目資料庫。此外，公司提供dishanywhere.com和智慧型手機與平板電腦用的行動應用程式，可以用來觀看授權內容、搜尋節目列表、以及遠端遙控他們的數位錄影機的功能。而Dishanywhere.com和行動應用程式提供大約80,000部電影、電視節目、電影片段、預告片。此外，公司還持有無線頻譜執照和相關資產。截至2016年12月31日，公司擁有1367.1萬戶的付費電視收視戶。公司提供接收系統和節目直接銷售管道，包含小衛星零售商、直銷團體、地方和區域性的消費性電子賣場、全國性的零售商和電信公司。		
產業地位	美國第二大衛星電視營運商		

MoneyDJ網站內的公司概述

DISH DBS Corp.是美國上市公司DISH Network Corp.（NASDAQ: DISH）的子公司，根據MoneyDJ網站所述，DISH是美國第二大衛星電視營運商，成立於1980年，市值接近74億美元、聘請員工達16,000人。但想要更全面了解公司業務，還是最好直接到公司官網（https://dish.gcs-web.com/）提取第一手資料。

下一步，投資者可到評級機構穆迪（https://www.moodys.com/）或標準普爾（https://www.standardandpoors.com/en_US/web/guest/home）的網站參看其評級。以穆迪為例，雖然我們在IB內已知道這檔債券的評級是B1，但最重要的還是公司本身的評級。

DISH的穆迪評級

由穆迪網站的資料，我們可以看到公司的 Long Term Rating 是 B1（母公司 DISH Network Corp. 的評級則是 Ba3），Outlook 是 Stable。Outlook 是一項相當重要的數據，如果是 Positive 或 Stable，代表一段時間內都不會被降低評級，而 Negative 則代表該公司有機會在日後被降級，要有心理準備。

是否有機會被降級，很視乎其財務狀況，所以最重要還是要看一下公司的財務報表。除公司官網可以找到最新的財報外，投資者也可以使用 Morningstar 網站（https://www.morningstar.com/stocks/xnas/dish/quote.html）。

首先可以看看公司近年來的股價走勢與派息情況，如果股價大跌或突然停止派發股息，就要留意公司近來發生了甚麼事。

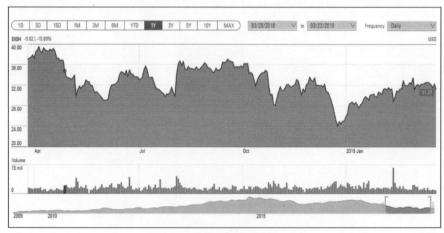

DISH 的股價走勢

然後就開始看最重要的三大財務報表：Income Statement（損益表）、Balance Sheet（資產負債表）與Cash Flow（現金流量表）。

Income Statement中，筆者較留意Operating income與Net income兩項，表露了公司的營運狀態。例如從DISH的財務來看，初步認為近幾年都是賺錢的，而且頗為穩定。

DISH Network Corp Class A DISH | 📊 Morningstar Rating

Income Statement | Balance Sheet | Cash Flow

Statement Type	Data Type	Period	Show Report Dates	Data Scroll	View	Rounding	Export

Fiscal year ends in December USD in Million except per share data		2014-12	2015-12	2016-12	2017-12	2018-12	TTM
Revenue		14,643	15,069	15,095	14,391	13,621	13,621
Cost of revenue		10,925	11,320	11,147	10,877	10,036	10,036
Gross profit		3,718	3,749	3,947	3,514	3,585	3,585
▼ Operating expenses							
Sales, General and adm...		816	778	783	687	726	726
Other operating expens...		1,078	1,000	953	818	712	712
Total operating expens...		**1,894**	**1,778**	**1,736**	**1,505**	**1,438**	**1,438**
Operating income		1,824	1,971	2,211	2,009	2,148	2,148
Interest Expense		611	494	53	63	15	15
Other income (expense)		(8)	(341)	148	(296)	57	57
Income before taxes		1,206	1,136	2,306	1,650	2,189	2,189
Provision for income t...		277	367	837	(515)	534	534
Net income from contin...		929	769	1,469	2,165	1,655	1,655
Other		16	(22)	(20)	(67)	(80)	(80)
Net income		945	747	1,450	2,099	1,575	1,575
Net income available t...		945	747	1,450	2,099	1,575	1,575
Earnings per share							
Basic		2.05	1.61	3.12	4.50	3.37	3.37
Diluted		2.04	1.61	3.05	4.07	3.00	3.00

DISH的Income Statement報表

再看Balance Sheet，筆者習慣是先看資產與負債，因為萬一公司倒閉，這決定了債券持有人可以拿回多少本金。其中主要留意Current Assets、Total Assets、Current Liabilities、Total Liabilities、Long-term Debt等各方面的比率，及每年的變化趨勢。

其中一個重要概念是負債比，即總負債/ 總資產的比例，負債項目包括流動負債與非流動負債。當然評估一間公司的財務風險不止看負債比率，還要加上流動比、速動比、利息保障倍數比、ROE、ROA等因素。而負債水平不同行業都有所不同，例如航運業、建造業、金融業等負債比率比較高是正常的。如果不想做這麼多研究，最簡單的方法是看企業是否能長期維持穩定的負債比率，愈穩定通常代表經營愈穩健。

DISH Network Corp Class A DISH | Morningstar Rating

Add to Portfolio 　Get E-mail Alerts 　Print This Page 　PDF Report 　Data Question

Quote　Chart　Stock Analysis　Performance　Key Ratios　**Financials**　Valuation　Insiders　Ownership　Filings　Bonds

Income Statement　**Balance Sheet**　Cash Flow

Statement Type	Data Type	Period	Show Report Dates	Data Scroll	View	Rounding	Export
Annual ▾	As of Reported ▾	5 Years ▾	Ascending ▾	◄ ►	$ % 1.0	▾.0 ▴.0	

Fiscal year ends in December USD in Million except per share data	2014-12	2015-12	2016-12	2017-12	2018-12
▾ Assets					
▾ Current assets					
▾ Cash					
Cash and cash equivale...	7,104	1,053	5,324	1,480	887
Short-term investments	2,132	558	36	501	1,181
Total cash	9,236	1,611	5,359	1,981	2,069
Receivables	951	864	753	654	640
Inventories	494	390	465	321	291
Deferred income taxes	26	—	—	—	—
Prepaid expenses	1,352	—	—	—	—
Other current assets	518	678	1,706	329	290
Total current assets	12,578	3,543	8,283	3,285	3,289
▾ Non-current assets					
▾ Property, plant and eq...					
Gross property, plant ...	6,582	6,035	5,723	5,857	5,689
Accumulated Depreciati...	(2,808)	(3,110)	(3,165)	(3,673)	(3,760)
Net property, plant an...	3,774	2,924	2,557	2,184	1,928
Equity and other inves...	327	327	324	113	119
	4,985	15,690	16,524	23,753	24,754
Intangible assets	444	402	403	439	496
Other long-term assets	9,530	19,343	19,809	26,489	27,298

DISH 的 Balance Sheet 報表

最後是 Cash Flow，主要是要留意每年 Free cash flow 的變化。

最後是 Cash Flow，主要是要留意每年 Free cash flow 的變化。

Fiscal year ends in December USD in Million except per share data		2014-12	2015-12	2016-12	2017-12	2018-12	TTM
▼ Cash Flows From Operat...							
Net income		929	769	1,469	2,165	1,655	1,655
Depreciation & amortiz...		1,078	1,000	953	818	712	712
Investment/asset impai...		—	123	—	146	—	—
Investments losses (ga...		61	(287)	(119)	(100)	(12)	(12)
Deferred income taxes		135	206	507	(486)	455	455
Stock based compensati...		34	19	13	30	36	36
Change in working capi...		35	587	(26)	236	(258)	(258)
Accounts receivable		(17)	89	115	127	15	15
Inventory		(5)	117	(50)	38	15	15
Prepaid expenses		86	65	(144)	(47)	94	94
Accounts payable		(186)	57	36	(131)	(161)	(161)
Accrued liabilities		104	163	24	351	(70)	(70)
Other working capital		54	97	(7)	(101)	(150)	(150)
Other non-cash items		108	18	4	(30)	(71)	(71)
Net cash provided by o...		2,378	2,436	2,802	2,780	2,518	2,518
▼ Cash Flows From Invest...							
Investments in propert...		(1,216)	(762)	(603)	(432)	(394)	(394)
Purchases of investmen...		(4,269)	(448)	(345)	(657)	(1,404)	(1,404)
Sales/Maturities of in...		7,054	2,055	1,431	206	730	730
Purchases of intangibl...		(2,663)	(9,323)	(724)	(5,665)	(923)	(923)
Sales of intangibles		—	400				
Other investing activi...		132	4	(1,487)	26	15	15
Net cash used for inve...		(963)	(8,074)	(1,729)	(6,521)	(1,975)	(1,975)
▼ Cash Flows From Financ...							
Debt issued		2,000	—	5,000	1,000	—	—
Debt repayment		(1,132)	(682)	(1,535)	(1,117)	(1,151)	(1,151)
Common stock issued		—	204				
Other financing activi...		112	64	(268)	13	17	17
Net cash provided by (...		980	(413)	3,197	(103)	(1,135)	(1,135)
Net change in cash		2,395	(6,051)	4,271	(3,845)	(592)	(592)
Cash at beginning of p...		4,709	7,104	1,053	5,325	1,480	1,480
Cash at end of period		7,104	1,053	5,324	1,480	888	888
Free Cash Flow							
Operating cash flow		2,378	2,436	2,802	2,780	2,518	2,518
Capital expenditure		(3,879)	(10,085)	(1,327)	(6,096)	(1,317)	(1,317)
Free cash flow		(1,501)	(7,649)	1,475	(3,317)	1,201	1,201

DISH 的 Cash Flow 報表

當然，要完全分析一間公司財務報表沒那麼簡單，但作為債券投資者，我們只要注重的是一些重要數字，確保公司暫無倒閉之虞。然後，有能力的投資者可以再多研究一些，量力而為之下看得愈透徹愈好，尤其是公司借貸比率、市值變化、流動比率、速動比率等等財務狀況都甚為重要。

如果覺得自己對美國公司的了解還是不足夠，可以到網站Seeking Alpha（https://seekingalpha.com/），以美股上市代號或名稱尋找該公司，即有大量相關新聞、資訊與分析可供參考。

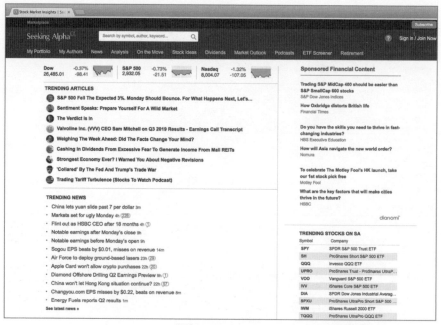

網站 Seeking Alpha

第五章

優先股與 ETD 篇

優先股
與 ETD 的特色

在工具篇中,曾簡略介紹了ETD與優先股。這兩者都是在美股NYSE上市,只要有一個美股戶口,不管是銀行、證券商、複委託,還是美資網上證券商(例如TD、IB等)的美股戶口,都可以像投資Apple、Microsoft、Tesla等公司一樣,一股一股地買賣,基本上沒有門檻可言。

兩者經常讓人混淆,因為都在美股上市,IPO都是25美元,都有到期日與可贖回日,都是三個月派一次息等等,表面上無甚分別。其實,ETD屬於債券,優先股則屬於股票,在本質上就有很大分別。

ETD全寫為 Exchange-Traded Debt,顧名思義,就是在證券交易所交易的債券(而非傳統的OTC債券市場)。這種在美股市場交易的債券大多數屬於長期債券,動輒超過30年或更長(儘管也有些短至5至10年的ETD)。由於ETD門檻較公司債券低,又被稱為Baby Bond,香港有某位開班為業的投資導師兼Blogger更將之直譯為「嬰債」。但不管是甚麼名字,本質上ETD就是債券,所以其派息屬於「利息」(Interest),不是「股息」(Dividend)。

至於優先股，又稱特別股，我們先看看其正式的定義：

「優先股是股票和債券的混血產品，但他們的表現比較像是債券。持有
優先股的投資人通常可以領取固定的股利（不論公司盈虧，而領取順位
也比普通股前面）、若公司破產戶清算時（在普通股之前，債權人之後）
優先請求發行公司的收益和資產，但沒有投票權。它們的投資評等和債
券很像。有些優先股可以依預定的轉換率轉換成普通股。」

（來源：http://www.usastock88.com/）

ETD與優先股的具體分別，有三點需特別留意：

1. ETD依償位順序分為Senior Notes、Notes與Subordinated Notes
   三種，公司清盤時的償還次序優先於優先股與普通股，但在有擔保債
   券（Secured Notes）之後。

2. ETD屬於債券，債券不派息就屬於違約，但優先股卻有權在公司困
   難時暫停派息。其中累積式優先股規定暫停派息後，日後需補派；非
   累積式優先股暫停派息，日後就不會補派了。

3. 優先股的派息屬於「股息」（dividend），非美國投資者需繳付30%
   的股息稅。ETD的派息屬於「利息」（interest），不需繳付30%的股
   息稅，派息多少就淨袋多少。

優先股/ETD
與公司債券（直債）的分別

優先股/ETD與一般公司債券（直債）的分別，主要有下列幾項：

1. 償還次序： 公司清盤或違約時，優先股/ETD的償還次序在直債之後。

2. 交易平台： 優先股/ETD在美國證券交易所交易，直債的交易平台則為OTC債券交易市場。

3. IPO價格： 優先股/ETD的IPO價格為25美元一股，直債的門檻較高，由1000美元至20萬美元不等。

4. 派息特色： 直債通常半年派息一次（有極少數三個月派息一次），除息日價格沒有除淨因素，買賣時下手需付上手未派的累積利息；優先股/ETD通常三個月派息一次，除息日價格有除淨因素，買賣時下手不需付上手未派的累積利息。

5. 贖回風險： 優先股/ETD的贖回風險較高，直債的贖回風險較低。

雖然ETD也有許多短債（台灣的投資專家蔡賢龍醫師研究過，中短期的ETD佔了過半數），但有信評及值得投資的公司發行的，仍以長債為主。這些優先股與ETD到期日很長（動輒超過三十年）甚至沒有到期日，又有提前贖回日的規定，因此通常比直債有較高的票息率。另一方面，其在證券交易所交易，雖然交易方便，但容易受市場氣氛影響，加上到期日長，其價格波幅、信用風險與利率風險普遍均較同一公司發行的公司債券為高。

即是說，優先股與ETD表面上與直債同屬穩健的固定收益資產，但由於一般投資者挑選的多數是超過三十年的長債，對經濟環境與利率變動較為敏感。

優先股/ETD與直債另一項重大區別，就是優先股/ETD除了到期日外，還有可贖回日。所謂可贖回日，就是優先股與ETD的發行人，在到期日之前，有權在該日期（一般在發行之日起5年內）之後，隨時以IPO價（25美元）加上應計利息贖回。所以投資優先股/ETD，必須先留意其可贖回日及溢價，否則會有贖回風險。這方面之後會再詳細分享。

=再投資風險

115

認識優先股
與 ETD 的稅負

筆者有時覺得，美國稅務可能是世界上最複雜的事務之一，包括優先股的股息稅問題。

之前提到，ETD 的派息屬於「利息」（interest），不需繳付 30% 的股息稅，而優先股的派息屬於「股息」（dividend），非美國投資者需繳付 30% 的股息稅。但即使是優先股，也不是所有類別都需繳付 30% 股息稅，有些並不需要。當然，最完美的辦法是詳閱招股說明書（Prospectus），但如果要在幾百檔優先股/ETD 中篩選不需股息稅的，不可能每檔都看 Prospectus 吧。其實，我們可以從優先股/ETD 的名稱中知道其種類，而以下這幾種是免股息稅的：

1. Senior Note：高級債券類的 ETD，享有優先於其他無擔保或次級債券獲得償付的權利，例如 AGIIL、SNHNL 等等。但留意償付順序仍低於公司直債類的 Senior Unsecured bonds。

2. **Note**：無擔保普通債券的 ETD，償付次序介乎高級債券與次級債券之間，例如 CTBB、AFC 等等。

3. **Subordinated Note**：次級債券的 ETD，償付次序在其他債券之後，但仍優於優先股與股票，例子有 AEK、AFGH、GBLIZ 等等。

4. **非美國公司優先股**：註冊國家並非美國的公司，其發行的優先股免股息稅。例子有 SSW-G、TGP-A 等等。

5. **Trust Preferred Security**：信託優先證券，又稱信託優先股，即公司通過建立一個信託，發行債券，然後讓它向投資者發行優先股從而創建的。信託優先股一般由銀行控股公司發行，例子有 C-PRN、ALLY-A 等等。但不是所有信託優先股都不扣稅，而是要看其連結的標的（即連結的對象）是否需要扣稅，所以較為複雜，需扣稅與否，以招股書所述為準。

簡單而言，凡 ETD 的派息都不需繳稅，而優先股則視乎其發行公司的註冊國家，非美國的也不需繳稅。至於美國公司發行的優先股，除小部份外（例如 Trust Preferred Security），其派息都需繳交 30% 股息稅。

其實在稅負這方面，有很多證券商自己也無法分辨，即使是免稅的 ETD，券商有些不收、有些會先收再退回、有些甚至會誤收。如果懷疑有誤收情況發生，投資者還是要自己與證券商爭取。

優先股編號
大混亂

美國公司的上市編號是統一的,例如 Apple 公司上市編號為 AAPL、Tesla 公司上市編號為 TSLA,各網站與投資平台都使用統一的上市編號。但在上市的優先股方面,由於一間公司可發行多於一隻優先股,每隻優先股的編號形式就習慣性在發行公司的上市編號後加上發行系列代號,例如 Seaspan Corporation (SSW) 共發行了六隻優先股,系列代號分別是 C、D、E、G、H、I,在 quantumonline.com 網站上該六隻優先股的編號分別是 SSW-C、SSW-D、SSW-E、SSW-G、SSW-H、SSW-I。

可是,在不同的網站與投資平台,發行公司+系列代號的表達方式竟然是不同的!以 SSW-H 為例,竟有 SSW-H、SSW-PH、SSW-PRH、SSW_PH、SSW.PR.H、SSW PRH、SSW.PH、SSW.PRH、SSW/PRH、SSW.H、SSWpH 等十幾種不同的代碼表達方式,令人無所適從,投資者往往不知道如何輸入優先股代碼而有搜尋困難,造成困擾。

幸好，有位台灣的投資專家蔡賢龍醫師，特地以高盛（上市編號GS）的優先股作為例子，整理出十四個常用網站與投資平台的優先股代號表達方法，茲引列如下：

常用網站優先股代號一覽表

查詢網站	代號	範例	查詢網站	代號	範例
E-Trade	p（小寫）	GSpD	Morninstar	PR	GSPRD
Firstrade	.PR.	GS.PR.D	Preferred Channel	.PR	GS.PRD
Freestockchart	.	GS.D	QuantumOnline	-	GS-D
Google Finance	-	GS-D	Schwab	/PR	GS/PRD
Interactive Brokers	（空格）PR	GS PRD	TD Ameritrade	-	GS-D
MarketWatch	.P	GS.PD	Yahoo! Finance	-P	GS-PD
富邦	_P	GS_PD	永豐	-	GS-D

（來源：https://shawntsai.blogspot.com/2017/03/blog-post.html 特別鳴謝蔡賢龍醫師）

在以上十四個網站與投資平台以外搜尋優先股，也可嘗試以上各種變化，應該都可以找到。

優先股 /ETD
選擇攻略

不同優先股 /ETD 的孳息率相差頗大，由 3% 至 15% 都有，無論是保守型還是進取型的投資者，都可以找到適合自己的標的。在懶系投資法的原則下，筆者主要考慮以下幾項因素：

1. **發行公司的地位**：由於質素較佳的優先股 /ETD 大都是極長期的，發行企業會否倒閉就是最重要的考慮因素。一般來說，規模愈大、行業愈特許的企業，倒閉機會愈低。此外投資評級、財報數字也是參考因素，這方面與直債心法篇、直債選擇篇中闡述的債券選擇方法類似。

2. **贖回價格與第一次可贖回日**：在可能的情況下，盡量選擇未到第一次可贖回日的優先股 /ETD，這樣可以避開贖回風險。如果不行，留意市價與贖回價格間的差異，盡量避免選擇溢價過高的優先股 /ETD。

3. **利息是否浮動**：一些優先股 /ETD 的派息屬於「Fixed-to-Floating Rate」類型，即在第一次可贖回日之後，就轉成浮動利息（例如 NSS、C-PRN 等）。通常轉成浮息後，其利率隨一個月倫敦同業拆放

利率（Month LIBOR rate）浮動，好處是可以對沖利率風險，但在減息週期就較為不利。

4. 種類與發行地區：此兩因素影響到是否需要繳交股息稅，如果類別屬優先股且發行公司註冊地在美國，其派息多數要繳交30%股息稅。

5. 股息是否屬可累積類：優先股來說，發行公司有權暫停派發股息，所以投資者應盡量選擇股息可累積類的優先股，當公司恢復派息後就可取回之前的欠息。此外，有少數優先股在特定條件下可被轉成普通股，這類優先股應盡量避開。

以上數項考慮因素，以第一點最為重要。就是說，如果各項因素有所衝突而難以取捨，以公司不會倒閉為最優先考慮。

先想風險, 再想利潤

優先股/ETD 的
贖回風險

在贖回風險這方面，筆者覺得有需要多加解釋。優先股/ETD 的贖回風險與直債不同，直債雖然也分為可贖回債券與不可贖回債券兩類，但即使是可贖回類的直債，也明確規定了可贖回日及贖回價格（贖回價格可高於IPO價）。具體的差別如下：

- 可贖回類別的直債，在到達可贖回日時，公司沒有選擇贖回的話，就不可再強逼贖回（但可以用邀約形式讓債主選擇自願贖回），直至下一個可贖回日（如有的話）。

- 優先股/ETD 則是在第一次可贖回日之後，公司有權「隨時」以IPO價格（25美元）加上應付利息贖回，只需在贖回前有一定時間的通知期（通知期長短視乎招股書的條約）即可。

實例分享，2018年6月4日，滙豐銀行（HSBC）發行的兩檔優先股，HSBC Holdings plc, 8.125% Exchangeable Perpetual Subordinated Capital Securities (HSEA) 與 HSBC Holdings plc,

8.00% Exchangeable Perpetual Subordinated Capital Securities (HSEB)同時被強制贖回，當時震撼固定收益投資界，被戲稱為另類「六四事件」。

事緣這兩檔優先股當年幾乎是所有優先股投資者的倉內必備，原因無他，票息率高達8%以上、倉值抵押率高、HSBC又是出名穩健的銀行股，所以即使該兩檔優先股早已過了第一次可贖回日，價格依舊被搶高至27美元以上。當時可贖回日已過了多年，HSBC好像都沒有贖回的意欲，很多投資者也對贖回風險慢慢放下戒心。

結果，2018年年中掀起一波優先股/ETD贖回潮，尤其是銀行保險公司，紛紛將已到期的優先股或ETD贖回，包括HSEA與HSEB，網路上立時一片哀鴻遍野。有一些很「倒霉」的投資者，剛以溢價購入，還來不及收到利息已被強制以25美元贖回，帳面即現損失，這就是所謂贖回風險。即使是像筆者這種早已投資了好一段時日、早在頭一兩次收息時已將溢價收回、所以實際並沒有甚麼虧蝕的投資者，都在發愁套出來的資金，很難找到相似的代替品，這就是所謂再投資風險。

當時許多人都在猜測這一波銀行保險業贖回潮的原因，其實筆者覺得無需過份猜測，一來公司贖回優先股的考慮因素可以有很多，外人難以推測；二來HSEA與HSEB已過贖回期五年（2013年4月15日）與三年（2015年12月15日），其實贖回一點也不稀奇。簡單點去想，HSEA發行於2006年6月、HSEB發行於2010年4月，都是在特定而相對高息的環境下發行的（例如2006年6月美國10年期國債利率可是接近5.2%呢！）。HSBC趁低息時收回舊的高息票據，再以較低息率發行另一批定息票據，省回並鎖定利息支出，是很合理的商業決定。

那次的贖回潮再次提醒了投資者，以溢價買入優先股/ETD必須留意贖回風險，不要因為過了幾年都沒有贖回跡象而存僥倖心理。

雖然優先股/ETD甚麼時候贖回，很難猜測，其實是由運氣決定，但真的想研究，仍有幾樣因素可以考慮看看：

1. 優先股/ETD的票息與市場利率之間的利差，以及利率的週期走勢。在低息持續時，公司可能有動力贖回之前發行的高息優先股/ETD。

2. 公司想減低負債時，可能考慮贖回。

3. 公司發行多於一隻優先股/ETD時，如果需要贖回，較高票息利率的會被優先考慮。

4. 銀行發行優先股/ETD的目的一般是作為資本補充，一旦資本補充的目的達到，就有可能考慮贖回。

5. 一般而言，優先股/ETD到達第一次贖回日前後，發行公司會認真考慮贖回的必要性，所以在此期間贖回的可能性最高，反而過了這段時期，贖回機會有所降低。

話又說回來，所謂凡事有危必有機，風險收益本是一體兩面，如果投資者以折價購入優先股/ETD，提早贖回反而能提早得到資本收益。

贖回風險其實很容易計算，溢價不太高的話，最多就是幾次除息風險，只要「有數得計」，就不是洪水猛獸。所以，投資優先股/ETD並不一定要等候折價或平價才買入（好企業發行的可能永遠也等不到折價），始終投資固定收益資產，永遠應該以好的企業為優先考慮。

如何尋找
優先股 /ETD 資訊

1.Quantumonline.com 網站

http://quantumonline.com/

如果要快速查詢上市優先股/ETD的資料，筆者覺得Quantumonline是最方便直接的網站。進入網站後，輸入優先股/ETD的上市編號，再按「Search」即可，如下圖：

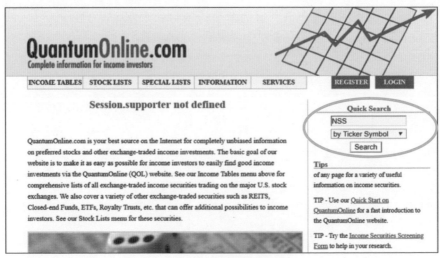

Quantumonline 主頁

基本上，Prospectus內的重要資訊，都會總結出來，包括利息/股息、可贖回日、到期日、評級、派息日等等。而從投資物的全名，也會知道是屬於ETD還是優先股。如果屬於浮息優先股，更會說明從何時開始浮息，以及浮息如何計算等，可謂懶人的好幫手。

NuStar Logistics L.P., 7.625% Fixed-to-Floating Rate Subor Notes due 1/15/2043
Ticker Symbol: NSS   CUSIP: 67059T204   Exchange: NYSE
Security Type: Exchange-Traded Debt Security

QUANTUMONLINE.COM SECURITY DESCRIPTION: NuStar Logistics, L.P., 7.625% Fixed-to-Floating Rate Subordinated Notes due 2043, issued in $25 denominations, redeemable at the issuer's option on or after 1/15/2018 at $25 per note plus accrued and unpaid interest, and maturing 1/15/2043. The notes are guaranteed by NuStar Energy L.P. (NYSE: NS) and NuStar Pipeline Operating Partnership, L.P. (See our definition of Guaranteed in our Glossary of Income Investing Terms for the technicalities of the guarantee). The company may redeem the Notes prior to January 15, 2018 at a redemption price equal to the make-whole redemption price or after the occurrence of a Tax Event or a Rating Agency Event (see the prospectus for further information). Interest distributions at a fixed rate of 7.625% per annum ($1.90625 per annum or $0.4765625 per quarter) will be paid quarterly through 1/15/2018 on 1/15, 4/15, 7/15 & 10/15 to holders of record on the record date that will be 1/1, 4/1, 7/1 & 10/1 respectively (NOTE: the ex-dividend date is one business day prior to the record date). After 1/15/2018 distributions will be paid at the Three-Month LIBOR rate plus 673.4 basis points. The company has the right, at any time, to defer dividend payments for up to 5 consecutive years (but not beyond the maturity date). Distributions paid by these debt securities are interest and as such are NOT eligible for the preferential 15% to 20% tax rate on dividends and are also NOT eligible for the dividend received deduction for corporate holders. Units are expected to trade flat, which means accrued interest will be reflected in the trading price and the purchasers will not pay and the sellers will not receive any accrued and unpaid interest. This security was rated as Ba2 by Moody's and B+ by S&P at the date of its IPO. The Notes are unsecured, subordinated obligations of the company and will rank equally with all existing and future unsecured, subordinated indebtedness of the company. See the IPO prospectus for further information on the debt securities by clicking on the 'Link to IPO Prospectus' provided below.

Stock Exchange	Cpn Rate Ann Amt	LiqPref CallPrice	Call Date Matur Date	Moodys/S&P Dated	Distribution Dates	15% Tax Rate
NYSE Chart	Floating $1.90625	$25.00 $25.00	1/15/2018 1/15/2043	B1 / B+ 3/18/19	1/15, 4/15, 7/15 & 10/15 Click for MW ExDiv Date Click for Yahoo ExDiv Date	No

優先股/ETD資料

2.優先股與ETD大全

https://www.dividend.com/dividend-stocks/preferred-
dividend-stocks.php

https://innovativeincomeinvestor.com/list-of-baby-bonds/

以上兩個網站分別列出在美國證券交易所上市的所有優先股與ETD
（Baby Bond），以公司名字依A至Z次序，一目了然地排列出來，包括
公司名稱、成交價位、孳息率等等。其中的Dividend.com也是知名的
股息查詢網站之一。

Preferred Stocks List

Sort By: [Highest Dividend Yield] [Stock Symbol] [Company Name]

Stock Symbol	Company Name	Dividend Yield	Current Price	Annual Dividend	52-Week High	52-Week Low
ABR-B	Arbor Realty Trust Cumulative Redeemable Preferred Series B	7.49%	$25.87	$1.94	25.95	24.59
ACGLO	Arch Capital Group Ltd. 5.45 % Non-cumulative Preferred Shares Series F	5.42%	$25.13	$1.36	0.0	0.0
AGNCB	American Capital Agency Corp. - Depositary Shares representing 1/1000th Series B Preferred Stock	7.47%	$25.94	$1.94	26.87	25.28
AGNCN	AGNC Investment Corp. 7% Cumulative Convertible Redeemable Preferred Stock Series C	6.66%	$26.27	$1.75	0.0	0.0
AHL-C	Aspen Insurance Holdings Limited 5.95% Fixed-to-Floating Rate Perpetual Non-Cumulative Preference Shares	5.69%	$26.13	$1.49	28.99	25.21

優先股清單

Baby Bonds 2019

Alpha | By Yield | By Maturity

Issuer	Ticker	Coupon Percent	Current Price	Change	Current Yield (rounded)	Quarterly Interest	1st Call	Maturity Date	Pay Dates
Affiliated Managers Group	MGR	5.875%	$25.76	$0.02	5.70%	$0.37	3/30/2024	3/30/2059	30th 3,6,9,12
Algonquin Power	AQNA	6.875%	$26.68	$0.06	6.45%	$0.43	10/17/2023	10/17/2078	17th 1,4,7,10
Algonquin Power	AQNB	6.200%	$25.61	-$0.04	6.06%	$0.39	7/1/2024	7/1/2079	1st 1,4,7,10
Allied Capital Notes	AFC	6.875%	$26.12	-$0.02	6.58%	$0.43	4/15/2012	4/15/2047	15th 1,4,7,10
Allstate Debentures F-T-F	ALL-B	5.100%	$26.13	-$0.01	4.90%	$0.32	1/15/2023	1/15/2053	15th 1,4,7,10
American Financial Group	AFGE	6.250%	$25.56	$0.06	6.12%	$0.39	9/30/2019	9/30/2054	30th 3,6,9,12
American Financial Group	AFGH	6.000%	$26.30	$0.15	5.70%	$0.38	11/15/2020	11/15/2055	15th 2,5,8,11
American Financial Group	AFGB	5.875%	$26.21	$0.00	5.60%	$0.37	3/30/2024	3/30/2059	30th 3,6,9,12
Apollo Investment	AIY	6.875%	$26.07	$0.07	6.60%	$0.43	7/15/2018	7/15/2043	15th 1,4,7,10
Argo Group	ARGD	6.500%	$25.50	$0.00	6.43%	$0.41	9/15/2017	9/15/2042	15th 3,6,9,12
Arlington Asset Investment	AIC	6.750%	$24.55	-$0.15	6.84%	$0.42	3/15/2018	3/15/2025	15th 3,6,9,12
Arlington Asset Investment	AIW	6.625%	$24.65	$0.00	6.65%	$0.41	5/1/2016	5/1/2023	1st 2,5,8,11
Assured Guaranty	AGO-F	5.600%	$25.69	$0.00	5.45%	$0.35	7/31/2008	7/15/2103	15th 1,4,7,10
Assured Guaranty	AGO-E	6.250%	$26.40	$0.06	5.92%	$0.39	11/26/2007	11/1/2102	1st 2,5,8,11
Assured Guaranty	AGO-B	6.875%	$26.92	-$0.19	6.39%	$0.43	12/19/2006	12/15/2101	15th 3,6,9,12
AT&T	TBB	5.350%	$25.90	-$0.08	5.10%	$0.33	11/1/2022	11/1/2066	1st 2,5,8,11
AT&T	TBC	5.625%	$26.30	$0.01	5.35%	$0.35	8/1/2023	8/1/2067	1st 2,5,8,11

ETD 清單

第五章：優先股與 ETD 篇

3.Preferred Stock Channel

https://www.preferredstockchannel.com/

此網站不但提供優先股/ETD的資料，更可與不同的大市指標，例如 Dow、Nasdaq、S&P 或 Russell 等作對比。

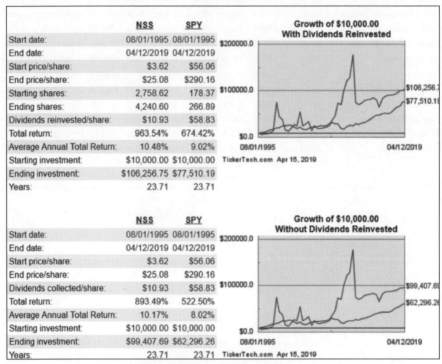

	NSS	SPY
Start date:	08/01/1995	08/01/1995
End date:	04/12/2019	04/12/2019
Start price/share:	$3.62	$56.06
End price/share:	$25.08	$290.16
Starting shares:	2,758.62	178.37
Ending shares:	4,240.60	266.89
Dividends reinvested/share:	$10.93	$58.83
Total return:	963.54%	674.42%
Average Annual Total Return:	10.48%	9.02%
Starting investment:	$10,000.00	$10,000.00
Ending investment:	$106,256.75	$77,510.19
Years:	23.71	23.71

Growth of $10,000.00 With Dividends Reinvested
$200000.0 — $106,256.7 — $77,510.19 — $100000.0 — $0.0 — 08/01/1995 — 04/12/2019
TickerTech.com Apr 15, 2019

	NSS	SPY
Start date:	08/01/1995	08/01/1995
End date:	04/12/2019	04/12/2019
Start price/share:	$3.62	$56.06
End price/share:	$25.08	$290.16
Dividends collected/share:	$10.93	$58.83
Total return:	893.49%	522.50%
Average Annual Total Return:	10.17%	8.02%
Starting investment:	$10,000.00	$10,000.00
Ending investment:	$99,407.69	$62,296.26
Years:	23.71	23.71

Growth of $10,000.00 Without Dividends Reinvested
$200000.0 — $99,407.69 — $62,296.26 — $100000.0 — $0.0 — 08/01/1995 — 04/12/2019
TickerTech.com Apr 15, 2019

ETD類的NSS與SPY績效比較

4.兆豐證券網站

https://www.emega.com.tw/emegaAbroad/financialTool.do

對於觀看英文網頁有抗拒的人，台灣的兆豐證券網站的理財工具內，提供了全中文化的優先股/ETD大全以供下載。

進入網頁後，選擇「【特別股】大全集」，即可免費下載全中文化、Excel版本的優先股/ETD全部資料，其資訊之齊全超乎想像，連註冊國家、是否需繳股息稅、價格波幅、發行者財務狀況等等都一應俱全。唯一缺點，就是要依賴台灣的兆豐證券去定時更新此檔案。

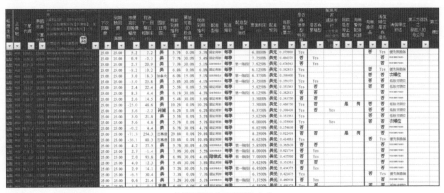

兆豐證券的特別股大全

第六章

房地產信託基金 (REITs) 篇

REITs 的
特色

在之前的工具篇中，已簡介了 REITs 的定義。所謂 REITs，是 Real Estate Investment Trust 的縮寫，以信託方式組成、主要投資於房地產項目（例如住宅、商舖、辦公室等）的集體投資計劃，旨在提供定期租金收入回報。簡單說就是集資交給一個基金經理，讓他去投資房地產，賺到的租金大家分。

那既然是基金，它的優勢也跟基金很類似，例如可以用較少的門檻參與房地產投資、不需擔心如何選擇房地產、不用去煩任何租務事宜、流通性高、隨時可買入沽出等等。除此之外，REITs 的特點是：

1. 法例規定必須將淨收入 90% 以上的金額作為股息分派，不像一般股票，想派息就派息、不想派息就減息。所以在理論上，投資 REITs，只要管理層安安份份，股東基本上就等於買樓收租。

2. 由於租金也是通脹的一部份，所以 REITs 的派息理論上也是隨通脹調整。以全世界 REITs 市場回測，過去二十年 REITs 的派息大部份時間

都跑贏通脹。也這就是説，投資者即使不將派息再投入，將派息完全當成生活費，REITs本身也是抗通脹的良藥。

3. 無論是香港或台灣，買樓收租的回報率其實甚低，一般只有三厘以內，還未計入佣金、裝修、維護、空租期等額外開支。但REITs回報卻往往可達六至七厘，在數字上遠勝自行買樓收租。主要原因，是因為REITs往往會用上槓桿，其槓桿成本也遠比一般散戶低，所以派息率自然較高。當然過高槓桿會帶來額外風險，所以法例也對REITs的負債比率有所限制。

REITs 的
類型

香港與台灣投資房地產風氣極盛,但台港上市的REITs選擇卻頗為有限,且大多數只限於購物商場、辦公室與酒店。以香港市場為例,一檔領展房產基金(823)的市值已大過其餘所有香港上市REITs市值的總和。台灣更不用說,REITs市場根本就不成氣候。但跳出這兩個地區,其實全世界有超過37個國家與地區發行過REITs產品,其中較大的市場包括美國、新加坡、日本、澳洲、加拿大、英國等,上市的REITs幾乎涵蓋各行業,較常見的種類包括:

1. **住宅類(Residential REITs)**:這是最常見的REITs類型,就是投資住宅租出,賺取租金。在美股而言,這類型REITs一般對就業率比較敏感,因為就業率高,租房需求就會上升。例子有美國的Front Yard Residential Corp (RESI)、新加坡的Ascott Residence Trust (A68U)等等。

2. **零售商場類（Retail REITs）：**包括大型購物商場、街道店舖或設於屋苑內的民生商場。這類REITs對民眾的消費水平比較敏感，尤其是大型購物商場。近年，由於網購的盛行，大型商場受到頗大的衝擊，特別對美國的二三線大型商場打擊尤大，主打民生的屋邨商場類受到的影響反而較低。商場類REITs的例子有香港上市的領展房產基金（823）、置富產業信託（778）、新加坡上市的CapitaLand Mall Trust（C38U）、Mapletree Greater China Commercial Trust（RW0U）、美國上市的Washington Prime Group（WPG）、英國上市的British Land Co PLC（BLND）等等。

3. **辦公室類（Office REITs）：**買下整幢或一部份商業辦公大樓，然后租給企業。這種REITs一般對經濟週期比較敏感，經濟環境較好時，企業的租務需求就會增加，反之則需求減少。例子有香港上市的春泉產業信託（1426）、新加坡上市的CapitaLand Commercial Trust（C61U）、美國上市的City Office REIT Inc（CIO）等等。

4. **酒店類（Hotel REITs）：**此類主要就是經營酒店，或買下一整棟酒店租給某酒店品牌，酒店檔次差別可以很大，由經濟型酒店至六星級酒店都有。例子有香港上市的富豪酒店（1881）、新加坡上市的Ascott Residence Trust（A68U）、美國上市的Apple Hospitality REIT Inc（APLE）等等。

5. **工業與物流類（Industrial & logistics REITs）：**這類REITs就是租給工業用途的房地產，較為多樣化，包括工廠大廈、廠房、工業園區、工業倉儲、貨物配送中心等。例子有新加坡上市的Ascendas REIT（A17U）、美國上市的EastGroup Properties Inc（EGP）等等。

6. 醫療健康類（Healthcare REITs）： 通過收購、租賃、翻新、擴建和重新開發醫療保健類房地產資產，然後租給醫院、診所或安老院的REITs。通常這類型的租戶租期較長期，也不大受經濟環境影響，所以較其他REITs穩定。例子有新加坡上市的First REIT (AW9U)、美國上市的Ventas Inc. (VTR)、Welltower (WELL)、英國上市的Primary Health Properties (PHP)、Impact Healthcare REIT (IHR)等等

7. **數據中心（Data Centre REITs）類：**這類型REITs出租存放資料庫的用地並提供託管服務，客戶為電訊企業或一般企業。近年來隨著大數據愈來愈普及與膨脹，許多企業都需要專門的地方存放龐大的資料庫，數據中心並提供數據安全、伺服器保安、冷氣電力供應、進出保安控制服務等。例子有美國上市的 Digital Realty Trust (DLR)。

8. **基礎設施類（Infrastructure REITs）：**此類型REITs在美股較常見，包括鐵路、電站、新能源、通訊信號塔等設施的出租。在美國，通訊行業也是市場化的，有些公司建了信號塔租給美國的電信運營商（例如AT&T、CTL等），租期相當長。這類REITs的例子有美國上市的 Crown Castle International (CCI)。

9. **抵押型房貸類（Mortgage REITs）：**這類型簡稱mREITs，並不持有不動產，而是投資於抵押貸款。方式是從銀行借錢、或做股權融資，然後將借來的錢投資於房地產抵押債券，從中賺取利差。在美股市場，這類型REITs佔全部REITs大約10%，股息率非常高，可達10-12%以上。可是，由於mREITs並不持有實物，隱藏風險頗多，包括利率風險、違約風險、預付風險、周轉風險等等。mREITs的例子有美國上市的 Annaly Capital Management (NLY)、AGNC Investment (AGNC) 等。

REITs 的
股息稅

REITs 雖然稱為房地產信託基金，但由於其在股票市場上市，其派息（台灣稱為配息）也需跟隨其上市的地區規定繳交股息稅，各地區都有所不同。下表列出其中幾個主要REITs市場的股息稅：

國家／地區	股息稅（香港投資者）	股息稅（台灣投資者）
香港	0%	0%
新加坡	0%	0%
美國	30%	30%
日本	15.315%[*1]	15.315%
澳洲	30%	30%
加拿大	15%	25%
英國	15%[*2]	20%[*2]

（資料來源：https://www.ird.gov.hk/chi/tax/dta_rates.htm &
https://us.spindices.com/documents/additional-material/withholding-tax-index-values.pdf）

註：*1 與香港簽訂的日本上市股票之股息收入10%預扣稅特惠待遇已於2013年年底到期
*2 只限物業收入（Property Income Distribution, PID）的部分。

稅務是全世界最複雜的事物之一，舉例，澳洲REITs的派息一般都需繳稅，但如果派息屬於Franked Dividend，卻可免股息稅，就算證券商，有時也難以清楚分辨。上表只是筆者自己理解的大致狀況，旨在給讀者一個印象，並不保證資料一定準確，如有錯漏，概不負責。

優質 REITs 的
選擇攻略

REITs 的類型五花八門，全球有 30 多個國家與地區發行過 REITs 產品，單單在美國，REITs 規模就超過萬億美元。但是，REITs 的派息雖然較一般股票資產穩定，其業務仍是隨公司的策略、營運、管理、收租收入而浮動，與公司營運效率、經濟環境有著高度相關的連動性。因此在定義上，REITs 不屬於固定收益資產，最多屬於穩定收益資產。如何從琳琅滿目的 REITs 資產中選擇較優質的，就極為重要。

一般而言，我們可以依據以下幾項因素來考慮：

1. **物業組合的質素**：包括類型（酒店、商場、醫院等等）、物業資產地點（城市核心區、商業區、旅遊區、還是民生區等等）、檔次與級別、物業組合分散水平等等，並配合當時當地的經濟週期與供求因素，從而判斷該物業資產組合的前景與抗逆境能力。

2. **每單位分配（DPU）**：由於 REITs 必須將不少於 90% 盈利用於股息分派上，因此，理論上派息與盈利表現、租金收益是一致的，所以 DPU 的分派及增長潛力就更形重要。DPU 增長分為內部與外部兩

種，內部增長指的是物業資產的租金上升潛力、出租成長率、營運效率等，可用的方法包括翻新擴建、提高租戶質素、宣傳推廣、減低成本、善用融資能力等等。外部增長指的則是物業增值與替換能力，包括物業買賣、開發、轉換、財技運用等等。

在投資REIT前，不應該只看目前的股息率。還應該檢視其DPU的歷史記錄。如果DPU持續下降，可能反映了其投資組合的品質不是很好，無穩定租金，甚至可能無法有效吸引租戶，其投資前景可能並不是很好。

3. **負債水平**：高負債的REITs由於負債比率較高，當資產市場出現大波動時（例如黑天鵝事件出現），容易出現融資困難，出現流動性風險。當然，凡事都有兩面，法例對REITs的負債水平已有要求（一般不可高於45%），如果一些REITs持有過多現金，反而可能代表其不懂有效利用槓桿，過於保守。所以是否長期保持負債水平在適當的水平，是揀選REITs的其中一項重要考慮因素。

4. **價格**：無論如何優質的REITs，也應有合理的估值。股價太高，無論物業質素如何優越，一旦價格超過了本身的內在價值與增長因素太多，就會有價格風險。筆者檢視估值的直接方法，就是檢視其PB值，計算方法是將REITs的市場價格除以每單位的資產淨值（即賬面價值或NAV）。如果PB比率大於1，也就是該REITs的交易價格高於資產淨值，即付出的價格高於取得的價值。當然，對於優質的資產，稍微付出一些溢價購買是可以接受的。但請記住，我們投資REITs，著眼的是股息收益率與潛在增長率，不是短期利得，「有買貴、無買錯」並不適用於懶系投資法。

5. 管理層質素： 其實筆者認為這才是最重要的考慮因素。一些REITs的上市目的，只是在玩弄財技，或讓母公司予取予攜，並沒有明確的發展計劃。此外，某些REITs剛上市時表面上息率極高，但有可能是大股東在上市初幾年以放棄股息的方法提高回報，吸引投資者，這些都不可不防。

另一項需要檢視管理層質素的因素，是私募的頻繁度。所謂私募，就是REITs發行新單位並且出售給特定的投資者。與所有散戶投資者都可參與的供股不同，私募只限機構投資者或極富有的專業投資者參與，而且私募價格通常較市價有折扣。所以，頻繁的私募會使原有的單位持有人權益不斷被稀釋，過多私募歷史的REITs，投資者都應該避之則吉。

懶系投資法角度
看 REITs

REITs 的本意，是使沒有龐大資本的一般投資人也能以較低門檻參與物業市場，獲得物業市場交易、租金與增值所帶來的獲利。由於主要收入來自於租金，信託公司亦必須將絕大部分的盈餘用作派息，因此收益較為穩定，正符合懶系投資法注重的現金流穩定性。

但是，由於 REITs 在股票市場上市，不免受到股市與經濟環境週期影響，價格與派息都較債券、優先股這類固定收益資產波動，一些投資者會將之當成一般股票，追求價格上的增值（俗稱「賺價」）。

懶系投資法，注重的是現金流效率與穩定性，低買高沽、追求績效並不是主要目的。所以，筆者選擇 REITs 時，在 DPU 增長方面，注重於內部增長多於外部增長。以香港最出名的領展房地產基金（823）為例，初上市時以內部增長快速見稱，通過重整本屬公營商場的商舖，提升格調與營運效率，釋放價值，旗下商場價值增長穩定且快速，屬不可多得的投資。但當架構重整帶來的內部增長完成得七七八八時，領展現時維持增

長的重點漸漸轉移到外部增長上，手法包括置換物業、收購大陸商場、進軍中國市場等等。這些策略，本是無可厚非的，也顯示出管理層的能力與決心，但已不再是以前那種較可預測的增長模式。

以懶系投資的角度來看，領展現時極低的股息率反映了大家投資的焦點在其將來的潛在增長，已不像一隻REITs，更像一隻增長股。不可知的增長背後伴隨的風險，不是懶系投資的口味，個人而言，這些錢，還是讓別人賺算了。

REIT 與 Business Trust 的分別

Reit > Business Trost

不少人會將房地產信託基金（REIT）與商業信託基金（Business Trust）混為一談，因為兩者都稱為「信託」，簡單來說都是一種集資計劃，投資者集資後委託專業管理人經營穩定收益的行業，然後定期將大部份收入分派回投資者。集資的投資者稱之為「單位持有人」。

其實REIT與Business Trust的分別，並不只是前者限定房地產投資，而後者不限於房地產投資，還有以下重要差別：

1. 房地產投資信託與商業信託都涉及兩個獨立的角色，擁有資產的「受託人」與負責經營業務的「管理人」。商業信託的受託人同時也是管理人，而房地產投資信託則是兩種角色分開，受託人與管理人獨立運作。如果信託的持有人不滿意管理人的表現而想撤換，商業信託需要75%以上投票贊成，房地產投資信託則只要50%以上投票贊成。

2. 房地產投資信託與商業信託皆可動用營運流動資金（Operating Cash Flow）作為股息派發，並不限於會計盈利，因此在股息派發方面會比一般上市公司具吸引力。根據香港與新加坡條例，房地產投資信託必須將至少90%的收入派發給單位持有人，而商業信託沒有這方面的規定。換句話說，房地產投資信託若有收入就必須派息，而商業信託則不一定。強制的高派息比率，也是房地產投資信託較受歡迎的原因之一。

3. 在資產與負債比例方面，房地產投資信託的要求比較嚴格，資產負債比例不能超過45%（目前平均在35%左右）。而商業信託的負債比率則沒有上限，與一般上市公司無異，因此也可能構成較高的風險。

以新加坡市場為例，許多房地產相關的商業信託經常被誤解為房地產投資信託，例如Ascendas Hospitality Trust (Q1P)、Frasers Hospitality Trust (ACV)、OUE Hospitality Business Trust (SK7)等，往往被誤歸類於REITs，其實屬於Business Trust。投資者必須了解，即使兩者擁有相同類型的資產，結構上也存在根本上的差異，在投資前需要特別小心。

第七章

封閉型
高收益債券基金篇

認識
封閉型基金

一向以來香港與台灣的銀行、金融機構甚至一些知名人仕（例如以「債基疊增」聞名的某位香港名導師兼Blogger）都對債券基金（簡稱債基）推崇備至，賣點是以此來代替入門門檻較高的債券投資，而且一隻債券基金包含起碼過百檔債券，有效分散風險。但他們推介的耳熟能詳的債券基金（例如聯博環球高收益基金、安聯美元高收益基金等等）都是屬於開放型基金（又稱共同基金），其缺點也是眾所週知的，例如高認購費、高管理費、「賺息蝕價」等等。

其實，除開放型基金外，債券基金還有封閉型基金（Closed-End Fund，簡稱CEF）與交易所交易基金（Exchange-Traded Fund，簡稱ETF）兩種。這兩種基金直接在證券交易所上市，無認購費、贖回費、保管費等等，無論透明度、交易費用、穩定性似乎都比開放型債券基金優勝。

其中在美股上市的封閉型基金與開放型基金的管理手法相似，都屬主動型基金管理。最大特色是封閉型基金發行單位數固定，在市場首次公開發行（IPO）後，交易只集中於證券交易所且依市價買賣，除非經過法定程序決定改型（召開受益人大會表決通過），否則不再接受新的買進，也不能要求基金公司贖回，更沒有一般股票的供股、紅股、合股等行為。這種基金，由於只在證券市場上買賣，所以被稱為封閉型基金。由於供求關係，封閉型基金常有溢價或折價情況，但另一方面基金經理人不須因基金投資者有申購、贖回的壓力而被迫買賣股票／債券，其績效長期而言都優於開放型基金。

封閉型基金與開放型的一樣，由多間基金公司同時發行，類型包括股票、債券、股債、貨幣、貴金屬、特殊產業等等。在債券類基金類別，開放型與封閉型的主要相異之處包括：

1. **交易平台**：開放型債券基金需通過銀行、金融機構或投資型保單購買，也可直接向基金公司購買，最後由基金公司收取投資金額；封閉型債券基金在證券市場公開買賣，與一般股票或ETF一樣，是投資者之間的互相交易。由於交易平台的不同，在價格透明度、流通性、交易方便性方面，封閉型債券基金都勝於開放型債券基金。

2. **發行數量**：開放型債券基金的發行數量是不固定的，隨時因應投資者的買入與贖回而變動；封閉型債券基金的發行數量是固定的，只是投資者之間的交易。

3. **結構穩定性**：開放型債券基金如果不斷有認購就得被逼投資較次的資產（因現金水平不能太高），假若遇到恐慌性贖回，就得被強逼不問價賣出優質資產，這是開放型基金先天結構上的不穩定所致。而封閉型債券基金沒有這種缺點，基金經理可以依一貫的投資策略去運作，而且由於結構穩定，彈性較大，封閉型債券基金通常會使用適量財務槓桿（就是融資），提高回報。

4. **交易費用：**封閉型債券基金只需付證券市場的交易費用與佣金，手續費較低；而開放型債券基金則有認購費、贖回費、保管費等等，因應不同的買賣渠道有所不同，但一般都較封閉型債券基金高得多。

5. **稅項：**在美股上市的封閉型債券基金，其派息被歸類於股息，一般都要繳交30%的預繳稅（投資於市政債券的基金除外）；開放型債券基金則沒有這個稅項。但是，封閉型債券基金的派息中如果有Return on Capital (ROC)、Capital Gain、Foreign Source Income等項目可退稅，有些證券商會自動退回，有些則可能需要自己向美國國家稅務局（Internal Revenue Service, IRS）申請。

6. **派息：**封閉型債券基金通常採用每月派息，每個月投資人都可收取利息；開放型則不一定，有累積類與派息類兩種，派息類的派息頻率視乎基金政策。

7. **買賣價格：**封閉型債券基金依市價買賣，由於供求因素，相對基金淨值通常會出現溢價或折價情況。例如某封閉型債券基金淨值為 7 元，市價卻高達 9.5 元，此即為「溢價」，反之若市價比淨值還低廉，即為「折價」。開放型債券基金以基金淨值買賣，無溢價或折價因素。

封閉型、開放型、 ETF 債券基金 大亂鬥

封閉型債券基金的表現真的會比開放型的好嗎？這裏就選取較為人熟悉的四檔封閉型債券基金、四檔開放型債券基金與一檔高收益債券ETF（交易所交易基金）來作一個簡單比較（參照的資料截至2019年5月7日）。

四隻在NYSE上市的封閉型高收益債券基金分別是：

1. Guggenheim Strategic Opp Fund (GOF) - 由古根海姆投資公司所發行的封閉型債券基金，成立於 2007 年，投資分佈主要是美國與開曼群島的固定收益債券。根據基金概要，GOF 主要通過投資美國政府和代理機構發行的固定收益債務以及高級股權證券、公司債券、抵押貸款和資產支持證券，及通過採用期權策略尋求高回報。

2. **PIMCO Income Strategy Fund (PFL) -** Allianz（安聯）旗下
   的 PIMCO（太平洋資產管理）在2003年所發行的封閉型債券基金。
   PIMCO是世界最有名的固定收益資產管理公司之一，PFL主要利用
   靈活多項的策略，多元化投資浮動和/或固定利率債務工具組合，以
   創造保本與高額的收入為目標。

3. **AllianceBernstein Global High Income Fund (AWF) -** 這就
   是最著名的聯博環球高收益基金的封閉型版本，1993年開始發行。
   地域分佈方面，持有美國債券超過七成，其餘是巴西、阿根廷、英
   國、墨西哥等國家的債券，包括投資級別與非投資級別債券。

4. **PIMCO Strategic Income (RCS) -** Allianz（安聯）旗下的
   PIMCO（太平洋資產管理）管理的另一封閉型債券基金，1994年創
   立，以投資高評級的美國政府債券與高評級美國公司債券為主。由於
   投資標的的評級普遍較高，可以用較高的槓桿率追求較高報酬。

四隻較為人熟悉的開放型債券基金分別是：

1. **聯博美元收益基金**——以美國高投資級別與國庫債券為主，亦有部份
   非投資級別債券。除美國債券外，還有約20%非美國債券，所以算
   是以平衡性為主的債券基金。2002年開始發行，歷史還算悠久。

2. **安聯美元高收益基金**——此基金主要投資於未達投資級別的美國企業
   債券，以達致長期資本增值和收益，即以美國高收益公司債券為主。
   2011年開始發行，歷史不算長。

3. **聯博環球高收益基金**——規模最大的環球高收益債券基金之一，2002年發行，在台灣是最受投資者歡迎的開放型債券基金。地域分佈方面，持有美國債券超過七成，其餘是巴西、阿根廷、英國、墨西哥等國家的債券，包括投資級別與非投資級別債券。

4. **安聯收益成長基金**——這其實不是純債券基金，而是美國股債基金，三份之一為高收益債券、三份之一為可換股債券，三份之一為美國股票，所以與美股有頗大的相關性。2011年開始發行，歷史不算久。

為對照績效表現，特別加入一隻高收益債券ETF，以作比較：

iShares iBoxx $ High Yield Corp Bd ETF (HYG)——著名ETF公司iShares發行的美國高收益債券ETF，2007年開始發行，追蹤指數為Markit iBoxx USD Liquid High Yield Index。

九隻債券基金的大致資料如下：

名稱	基金類別	成立日期	淨資產值 （百萬美元）	總資產值 （百萬美元）
Guggenheim Strategic Opp Fund (GOF)	封閉型	27/7/2007	625	625
PIMCO Income Strategy Fund (PFL)	封閉型	26/8/2003	286.6	371.1
AllianceBernstein Global High Income Fund (AWF)	封閉型	28/7/1993	1,122.70	1,152.60
PIMCO Strategic Income (RCS)	封閉型	24/2/1994	307.80	963.80
聯博美元收益基金 (AT)	開放型	16/9/2002	15,559.95	15,559.95
安聯美元高收益基金 (AM)	開放型	21/10/2011	2,187.22	2,187.22
聯博環球高收益基金 (AT)	開放型	26/9/2002	20,176.18	20,176.18
安聯收益成長基金 (AM)	開放型	18/11/2011	31,045.24	31,045.24
iShares iBoxx $ High Yield Corp Bond ETF (HYG)	ETF	4/4/2007	16,330.00	16,330.00

由上表可以看到，封閉型債券基金歷史普遍較開放型歷史悠久，但資產值卻差很遠。上文已說過，這是由於封閉型基金與股票類似，只有 IPO（首次公開發行）才集資，之後就不會有新的資金進去，除非重新募集，所以封閉型基金結構較穩定。由於結構穩定，封閉型基金通常都有做融資交易提升回報率，所以封閉型基金的總資產值比淨資產值大，就是用了槓桿的原故。

1. 基金內扣費用比較

基金內扣費用是最影響投資回報的其中一項因素，包括基金管理費、顧問費、會計費幾項，其佔資產值的比率稱為總開支比率。封閉型基金由於會用槓桿來增加回報，所以多一項槓桿利息費，但由於槓桿利息支出與單純侵蝕基金回報率的其他支出不同，是屬於有益的支出，所以在比較時予以扣除。

名稱	總開支比率	槓桿利息	扣除槓桿利息後開支比率
Guggenheim Strategic Opp Fund (GOF)	1.52%	0.19%	1.33%
PIMCO Income Strategy Fund (PFL)	1.48%	0.31%	1.17%
AllianceBernstein Global High Income Fund (AWF)	1.05%	0.06%	0.99%
PIMCO Strategic Income (RCS)	1.85%	0.87%	0.98%
聯博美元收益基金 (AT)	1.33%	0.00%	1.33%
安聯美元高收益基金 (AM)	1.39%	0.00%	1.39%
聯博環球高收益基金 (AT)	1.79%	0.00%	1.79%
安聯收益成長基金 (AM)	1.50%	0.00%	1.50%
iShares iBoxx $ High Yield Corp Bd ETF (HYG)	0.49%	0.00%	0.49%

ETF代表HYG以0.49%的基金開支比率遠遠勝出，第二名與第三名是封閉型基金類的RCS與AWF。幾乎所有開放型基金的基金內扣費用都比封閉型高。值得特別留意的是，AWF與聯博環球高收益基金是姊妹基金，大家同名，資產配置也差不多，但開放型的開支比率硬是比封閉型貴了超過八成！

2. 派息率比較

這回合統計的是各基金最近十二個月的股息率。由於 CEF 與 ETF 在股票交易所上市，交易價有溢價或折價，所以就以 2019/05/07 的資產淨值（NAV）價與收市價來分別計算股息率。

名稱	平均股息率（CEF &ETF 以 2019/05/07 資產淨值計算）	平均股息率（CEF & ETF 以 2019/05/07 收市價計算）	交易溢價 / 折讓
Guggenheim Strategic Opp Fund (GOF)	12.18%	10.86%	12.21%
PIMCO Income Strategy Fund (PFL)	9.92%	9.20%	7.81%
AllianceBernstein Global High Income Fund (AWF)	6.04%	6.71%	-9.98%
PIMCO Strategic Income (RCS)	11.85%	8.70%	36.15%
聯博美元收益基金 (AT)	5.33%	5.33%	0%
安聯美元高收益基金 (AM)	7.21%	7.21%	0%
聯博環球高收益基金 (AT)	6.88%	6.88%	0%
安聯收益成長基金 (AM)	8.51%	8.51%	0%
iShares iBoxx $ High Yield Corp Bd ETF (HYG)	5.32%	5.30%	0.31%

這回合由封閉型基金 GOF 勝出，以資產值計算最近十二個月的股息率超過 12%。其次是 RCS 與 PFL，以資產淨值計算的股息率亦超過了 9%。留意安聯收益成長基金不算純債券基金，較難比較。

3. 基金實際回報率

投資固定收益資產，最怕的是「賺息蝕價」，尤其是債券基金，為維持派息的穩定性，常會以本金來派息。如果基金價格不斷被「陰乾」，實際得不償失。以下歷年收益率的統計，則一併計算了派息收入與基金淨值的變動，是投資者最重要的投資收益指標。

名稱	本年迄今總回報 (2019/05/07)	一年回報	三年收益率 (年度化)	五年收益率 (年度化)	十年收益率 (年度化)
Guggenheim Strategic Opp Fund (GOF)	14.52%	7.07%	16.55%	10.42%	18.57%
PIMCO Income Strategy Fund (PFL)	11.67%	7.50%	16.35%	10.09%	18.57%
AllianceBernstein Global High Income Fund (AWF)	14.71%	7.58%	6.85%	3.61%	11.26%
PIMCO Strategic Income (RCS)	2.96%	10.34%	10.78%	8.84%	13.39%
聯博美元收益基金 (AT)	5.27%	5.84%	4.05%	3.16%	6.49%
安聯美元高收益基金 (AM)	7.68%	3.74%	6.20%	1.26%	Nil
聯博環球高收益基金 (AT)	7.11%	2.27%	5.84%	2.72%	9.94%
安聯收益成長基金 (AM)	12.51%	7.02%	8.91%	5.12%	Nil
iShares iBoxx $ High Yield Corp Bd ETF (HYG)	8.70%	7.00%	7.05%	3.74%	7.91%

基本上，比較三年、五年與十年的年度化回報，封閉型基金都勝於開放型基金。指得一提的是，封閉型的AllianceBernstein Global High Income Fund (AWF) 與開放型的聯博環球高收益基金，份屬姊妹基金，無論配置、選股標準與股息率都差不了多少，但論歷年收益率，封閉型卻明顯跑贏開放型，這就是基金內扣費用的差別對投資者帶來的影響。

4. 風險平衡比較

在基金波幅與風險評估的比較上，筆者使用了三年的標準差與夏普比率來比較。標準差愈大，代表基金淨值波動愈大、風險愈大。夏普比率則代表承受每單位風險所得的報酬。所以標準差的數值愈小愈佳，夏普比率的數值則愈大愈佳。

名稱	三年標準差	夏普比率 (Sharpe Ratio)
Guggenheim Strategic Opp Fund (GOF)	3.74	2.95
PIMCO Income Strategy Fund (PFL)	4.04	2.61
AllianceBernstein Global High Income Fund (AWF)	4.71	1.15
PIMCO Strategic Income (RCS)	3.41	1.98
聯博美元收益基金 (AT)	3.1	0.88
安聯美元高收益基金 (AM)	4.84	0.99
聯博環球高收益基金 (AT)	4.5	0.98
安聯收益成長基金 (AM)	7.57	0.99
iShares iBoxx $ High Yield Corp Bd ETF (HYG)	4.15	1.25

以三年標準差來說，開放式基金中的聯博美元收益基金最低，代表其價格波幅最低，這是由於該基金以美國國債為主兼不能使用槓桿，同時也限制了其回報率。但如果計算每單位風險所得的報酬率，封閉性基金代表悉數大勝，其次是 ETF 代表，開放型基金代表全部敬陪末座。

大亂鬥
結論

以上開放型、封閉型與ETF型債券基金的比較，其實較為粗淺，例如並沒有比較資產配置、債券存續期、派息穩定性、配發本金比例等等，而且拿來比較的債券基金也不全部都是同類型的（例如安聯收益成長基金屬於股債基金）。但是，這次比較可以給我們一些啟示：無論是基金內扣比率、派息率、中長期年度回報率，還是風險平衡，封閉型債券基金都遠勝於開放型債券基金。

在美股市場上，封閉型AWF比其淨資產值有接近10%的折讓，與其他封閉型債券基金普遍有溢價形成強烈對比，證明美國投資者其實對其表現不大滿意。可是，其表現更差的開放型姊妹基金（聯博環球高收益基金）反而成為台灣與香港兩地吸資最多、最多人參與的基金之一，這是否該歸功於基金公司的銷售手法？

另外，投資者要留意基金派息中的成份。一般來説，基金派息的來源有以下四種：

1. 債息/ 股息收入（Income）；

2. 短期資本利得（S/T Cap Gain），即一年內的資本利得；

3. 長期資本利得（L/T Cap Gain），即持有一年以上的資本利得；

4. 本金配發（Return on Capital, ROC）。

最值得留意的是ROC，即動用本金來派息的比例。配發本金比例愈低，派息愈健康；配發本金比例愈高，愈容易出現「賺息蝕價」的問題。由於封閉型基金與ETF透明度比開放型基金高，在諸如Morningstar這些網站很容易就可以找到ROC的資料。而開放型基金就要到發行基金的公司網頁去找，還不一定找得到。

其實，美股市場內自由買賣的封閉型基金（CEF）與ETF包羅萬有，以CEF來説，除了上述的高收益債券基金類型外，還有投資級債券基金、市政債券基金、抵押債券基金、股權基金、股票基金、優先股基金、全球收入基金等等，林林總總起碼六百多檔。但在香港與台灣，大部份人的美股戶口只懂得買賣Apple、Telsa等一般美股，對其他種類，包括ETD、基金、優先股等視而不見，就如入寶山而空手回了。

第八章

美國市政債基金篇

認識美國
市政債券

上一篇闡述了封閉型基金比開放型基金的優勝點,包括無認購費、無贖回費、無保管費、低管理費、低交易費、高透明度、結構穩定等等。但在美股上市的封閉型基金,有一個最大的缺點:無論是債券基金還是股票基金,其派息都有可能被徵收預繳稅(雖然許多券商有依投資組合的派息類別部份退稅,但並不一定且無法控制)。可是,其中有一類封閉型基金,在一般情況下是免繳股息稅的,這就是封閉型的「美國市政債基金」。

在了解封閉型美國市政債基金(Municipal Bond CEF)前,我們必須了解甚麼是美國市政債券(Municipal Bond)。

美國市政債券是一種長期債券,其發行主體包括美國州縣市地方政府、政府機構(包括代理或授權機構)、及以債券使用機構出現的直接發行體。在美國,幾乎所有地方政府及其代理機構都將市政債券作為融資工具,用於市政支出、公共事業或特定市政項目融資,例如建設學校、交通設施(高速公路、橋樑等)、醫院、公用事業(供水設施、污水處理設

施、供電設施、供氣設施等）等投資。不同的美國市政債券也有不同的信用評級，主要包括三大類型：

1. **一般義務債券(General Obligation Bond)** ─ 償債來源主要是美國地方政府的稅收，包括公司營業稅、所得稅、財產稅與個人所得稅等等。這種債券通常違約機會較低，評級也較高。

2. **收益債券(revenue bond)** ─ 償債來源主要為特定融資項目所產生的收入，這些特定融資項目，通常為公用事業或設施，例如建立新的收費公路或橋樑，而未來公路或橋樑向駕駛者所收取的通行費，就會

用於償債。由於需依賴特定收入來償債，收益債券風險通常高於一般義務債券。

3. **其他類型債券** — 有少數（不超過兩成）市政債券不屬於以上兩種主要類型，例如再融資債券、資產擔保債券與災難援助債券等等。

市政債券市場是美國各州、縣市政府以及下屬機構籌集公共事業所需資金的重要市場，與股票市場、國債市場以及企業債（直債）市場並列為美國四大資本市場。市政債券有三個特點：

1. **稅收免除**：在美國，根據《1986年稅收改革法案》的規定，用於公共目的的債券，其利息收入可免繳聯邦稅或者州所得稅。由於絕大多數市政債券是用於公共目的，所以美國公民投資市政債券是免所得稅的。

2. **評級與信用普遍較高**：在美國，市政債券的信用等級只低於聯邦政府債券，是一種準國債。美國是全世界最大的經濟體國家，州政府分而治之，即使只是其中一州，其 GDP 也可以與世界其他國家相比擬。而隨著保險公司的加入，市政債券的投資也更安全可靠。當然，市政債券也有信用風險，例如1975年與2013年，分別發生了紐約市政債務違約危機與底特律市破產事件。

3. **附加保險**：美國市政債券的另一特色就是市政債券發行業務與債券保險相結合。這種債券附加保險的做法起始於20世紀70年代，如果債券發行者在債券到期時無力償還債務，就由保險公司代為支付。這種做法有助於保障投資者，並提高債券的信用評級。

 美國市政債券的
風險

雖然美國市政債券是較為穩定的固定收益投資產品，但與其他債券類資產一樣，也有相關風險，包括匯率風險（針對本幣不是美元或港幣的投資者）、利率風險、違約風險與流動風險。

在利率風險方面，一般市政債券以中長期債券為主，而愈長期的債券，利率變化對債券價格影響將愈大。當市場利率上升（例如聯儲局恢復加息週期），會對長期債券的價格產生壓力，這是市政債券所要承擔的利率風險。

在違約風險方面，雖然市政債券幾乎是僅次於美國國債的低風險固定收益資產，但不代表毫無風險。美國各州份的經濟規模不一，評級也不一樣，其中有S&P評級達AAA的德州與佛羅里達州，也有2017年被調整至較低評級BBB-的伊利諾州。最大的兩宗市政債券違約事件，分別為2013年底特律市欠債180億美元破產事件、及2017年5月波多黎各市欠債730億美元破產事件。這些極端的例子雖然屬個別事件，但一般外國人不熟悉美國地方政府財政，難以個人財力做到非系統性風險的規避。

此外，直接買賣美國市政債券的難度與門檻較高，算是低流動性資產，有流動性風險，因此封閉型的市政債券基金就是很適合的代替品。藉著市政債券基金，投資者可以較低的成本，投資一籃子美國市政債券，而且上市的市政債券基金流動性也比其持有的資產高得多，既方便投資者迅速出入市場，又有效規避了單一債券產生的非系統性風險。

市政債券基金的另一吸引處，在於普通市政債券的息率並不高（一般孳息率介乎2%-4%之間），但由於本身有較穩定的特性與較高的信用評級，市政債券基金通常會做適當的槓桿提高回報。平均來說，市政債券基金的派息率（以NAV計算）介乎5%-6%之間。

當然，較高的收益，通常伴隨著較高的風險。當短期利率上升，槓桿的效益會被侵蝕，有時甚至變成虧損，短期利率下降則相反，獲利會增加。基於槓桿投資的放大效益，基金資金總值的波幅也會放大。所以利用槓桿增加收益的同時，懂得如何適時調控槓桿的水平，很考基金經理的功力。

在資產配置的角度，市政債券與其他資產，尤其是股權商品類資產呈現負相關，與高收益公司債券、全球型國債及新興市場債券的相關系數也是低度相關。由於美國國債的息率太低，要降低固定收益投資組合波動率，又想維持高回報，市政債券就是最好的代替品。

值得強調的是，一般債券基金或債券ETF，其派息會被視為股息而需繳交股息稅（香港與台灣的美股股息稅都是30%），市政債券基金卻很例外地不需扣稅，其派息一般是百份之百拿到的。

(註：雖然市政債券基金理論上是不需扣繳30% Withholding Tax，但美國稅務的複雜性在世界排名榜上是數一數二的，所以還是要視乎個別證券商、銀行或複委託的認知與操作。有些券商會扣、有些不扣、有些會先扣並在年底或第二年再退稅，所以如果發現有扣錯的情況，投資者需自行向券商申請索回。)

市政債券基金
選擇攻略

現時，在美股市場上市的封閉型市政債券基金超過八十隻，應該如何挑選？其實挑選市政債券基金的重點與其他一般基金差不多，包括以下各點：

1. **投資組合：**雖然市政債券基金的投資組合一定是市政債券，許多基金的投資標的都大同小異，但還是要留意其持有的債券數目、主要州份、類型、評級分佈、存續期分佈、票面息率分佈等等。初學者可能覺得大部份市政債券基金都差不多，都是在投資同一批市政債券而已。其實不同的基金，策略有所不同，例如A基金投資等級債券只有55.5%，是屬於高收益市政債類型；B基金的投資等級債券接近70%，屬於穩定市政債類型，所以A基金的風險與報酬率基本上會比B基金高。但假若B基金使用了較高的槓桿，兩者的風險與報酬率又可能會接近。

2. **基金內扣費：**比較各基金的內扣費用佔資產值的比率是否過高。留意封閉型基金會有一項槓桿利息費。但此利息支出是為了增加回報，屬於有益的支出，應先行扣除再比較。

3. **派息穩定度：** 市政債券基金的定位是固定收益資產，一般都是每月派息，投資目的就是想每月獲得穩定的現金流。因此，時多時少、斷斷續續派息的市政債券基金應該避開。

4. **槓桿水平：** 過高的槓桿可能引致較高的風險，如果兩隻基金組合的債券評級與年期相若，能以較低的槓桿取得相若回報率的那一隻，就顯示出基金經理的功力較佳，為值得挑選的優質基金。

5. **派發本金比例：** 即之前章節提過的 Return on Capital (ROC) - 動用本金來派息的比例。配發比例愈低，派息愈健康。配發本金比例愈高，愈容易出現「賺息蝕價」的問題。

6. **基金淨值波幅：** 包括短期與長期的價格波幅，尤其是在逆市（例如金融海嘯期間）時，基金是否有良好的抗跌能力。

7. **價格溢價：** 由於封閉型基金在股票市場自由買賣，不免受供求與市場情緒影響而出現溢價或折價現象。投資時必須留意價格的平均折／溢價水平，留意買入時是否處於溢價高位。即使是很優質的基金，我們也應該要避免高價入貨。

如何在網上篩選市政債券基金？接下來，筆者就為大家介紹其中兩個有用的網站。

封閉型基金資訊網 - CEF Connect

CEF Connect (www.cefconnect.com)網站是一個專提供美國封閉型基金資訊的網站，投資者可以篩選、排序與探索最新的封閉型基金資訊，包括數據、研究、新聞等等。其篩選功能很出色，投資者還可自建投資組合去追蹤價格變化，對初入門者很適合。

首先，在網站的首頁點選「Fund Screen」。

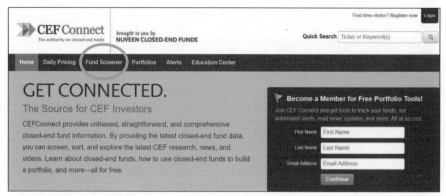

CEF Connect 首頁

在「Fund Screen Dashboard」中，選擇「National Municipals」。

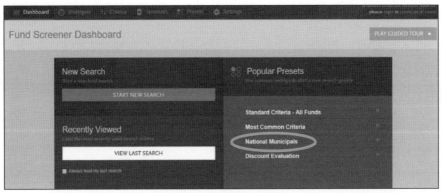

選擇National Municipals

所有在美股上市的市政債券基金將全部一次過排列出來，包括上市編號、基金名稱、發行公司、槓桿水平、市值、基金內扣費比例、息率、派息頻率、折／溢價比例等等，而且可以依任何一欄位排序。以下是以市值排列的結果。

TICKER	FUND NAME	STRATEGY	SPONSOR	EFFECTIVE LEVERAGE %	MARKET CAPITALIZAT
NEA	Nuveen AMT-Free Qlty Muni Inc	National Municipal	Nuveen Fund Advisors	38.54%	$3,555 MM
NVG	Nuveen AMT-Free Muni Credit In	National Municipal	Nuveen Fund Advisors	38.62%	$3,158 MM
NAD	Nuveen Quality Muni Income	National Municipal	Nuveen Fund Advisors	38.52%	$2,786 MM
NZF	Nuveen Muni Credit Income	National Municipal	Nuveen Fund Advisors	38.24%	$2,206 MM
NUV	Nuveen Municipal Value	National Municipal	Nuveen Fund Advisors	1.74%	$2,065 MM
BTT	BlackRock Muni Target Term Tr	National Municipal	Blackrock Advisors	37.50%	$1,604 MM
PML	PIMCO Municipal Income II	National Municipal	Pacific Investment Management Company LLC	45.20%	$926 MM
MYI	BlackRock MuniYield Qty III	National Municipal	Blackrock Advisors	39.35%	$893 MM
NMZ	Nuveen Muni High Inc Opp	Municipal High Yield	Nuveen Fund Advisors	40.00%	$879 MM
EIM	EV Municipal Bond	National Municipal	Eaton Vance	40.46%	$844 MM
VMO	Invesco Muni Opps. Trust	National Municipal	Invesco Advisers	40.94%	$810 MM
IIM	Invesco Value Muni Income	National Municipal	Invesco Advisers	38.87%	$693 MM
MYD	BlackRock MuniYield	National Municipal	Blackrock Advisors	38.59%	$674 MM

市政債券基金一覽表

以市值計,截至2019/05/20,前十大封閉型市政債券基金分別為 NEA、NVG、NAD、NZF、NUV、BTT、PML、MYI、NMZ、EIM,最大的NEA市值超過35億美元。

直接點選其中一檔市政債券基金,就會顯示出該基金的詳細資料,包括歷史價格變動、歷史派息、過往表現、投資組合分佈等等,如下圖:

市政債券基金詳細資訊

值得一提的是，十大市政債券基金中有六檔由Nuveen Fund Advisors (Nuveen)發行，更包辦了前五大市政債券基金。Nuveen成立於1898年，是一家專門從事市政債券承銷和分銷的投資銀行公司，2014年被Teachers Insurance and Annuity Association of America-College Retirement Equities Fund (TIAA)收購，成為獨立運作的子公司。Nuveen的母公司TIAA是全球最大型的退休保險機構，管理資產超過一萬億美元，為全球50多個國家、超過15,000家機構的500多萬在職和退休員工提供服務。2018年Furtune 美國前五百大企業排名中，TIAA名列第84位。

如何分析
市政債券基金

如果想全面了解某隻市政債券基金，CEF Connect網站的資料並不足夠，最直接的方法就是進入該基金發行公司的網站尋找該基金的第一手資料，包括招股書、年報等等。但如果想快速了解基金的各項數據，或對多隻基金進行比對，在債券篇中曾提到過的Morningstar網站（https://www.morningstar.com/）是一個很好的選擇。

Morningstar Inc.（晨星公司）創立於1984年，總部設於美國伊利諾伊州的芝加哥，是一家全球性金融服務公司，提供一系列投資研究和投資管理服務，對基金的研究與建議在資產管理行業極具影響力。Morningstar的網站涵蓋了所有上市證券的資料，包括美股、REITs、ETF、基金等類型。

在這裏，筆者以其中一檔著名的市政債券基金PIMCO Municipal Income II (PML) 為例，分享研究債券基金時應該留意的數據。

P.179屬高收益型

進入Morningstar網站（https://www.morningstar.com/）後，輸入上市編號或基金名稱，找出該市政債券資料：

PIMCO Municipal Income II PML | ★★★★★

Morningstar
DividendInvesto
Free Download.

📁 Add to Portfolio   Get E-mail Alerts   🖨 Print This Page   ? Data Question

| Quote | Chart | CEF Analysis | Distribution | Performance | Ratings & Risk | Portfolio | Management & Fees | Ownership | Filings |

Last Price	Day Change						
$**14.85**	↓ -0.08 | -0.54%						

		Last Closing Share Price	Day Range	52-WK Range	1-Year Z-Statistic	Market Value	Total Leverage Ratio
As of Tue 05/28/2019 4:03 PM EST | USD		14.93	14.80-15.04	12.40-15.10	1.55	925.8 mil	43.79 %

		Last Actual NAV	Last Actual NAV Date	Last Actual Disc/Prem	6-Month Avg Disc/Prem	3-Year Avg Disc/Prem	Total Dist. Rate (Share Price)
		12.29	05/28/2019	+20.83 %	+18.11 %	+2.38 %	5.25 %
		As of 05/28/2019					

PML價格資料

除價格波幅外，需要留意的是當前槓桿率（Total Leverage Ratio）與折/溢價（Discount/Premium）數據。在槓桿率方面，一般市政債券基金介乎於30%-40%之間，PML的槓桿率為43.79%，算是偏高的水平。

折/溢價方面再解釋一下，因為封閉式基金在交易所市場內的投資者之間交易，其成交價格稱為市場價格（Market Price）。市場價格與實際基金資產淨值通常並不相同，當市場價格低於基金資產淨值時，稱為折價（Discount），當市場價格高於基金資產淨值時，稱為溢價（Premium）。折價與溢價受市場氣氛、受歡迎程度、市場供求等多項因素影響，但主要是反映了當前投資者對該基金的喜惡程度。

交易封閉型基金時，需留意折/溢價是否距離歷史平均水平太遠，一般情況下，等待折/溢價低於歷史平均水平才入場會較理想。以PML為例，其溢價已接近歷史高位。

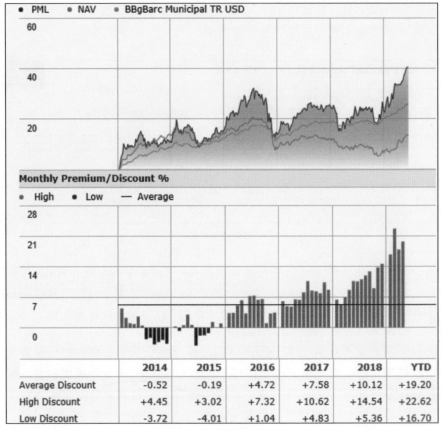

	PML					
NAV						
BBgBarc Municipal TR USD						

Monthly Premium/Discount %

High   Low   — Average

	2014	2015	2016	2017	2018	YTD
Average Discount	-0.52	-0.19	+4.72	+7.58	+10.12	+19.20
High Discount	+4.45	+3.02	+7.32	+10.62	+14.54	+22.62
Low Discount	-3.72	-4.01	+1.04	+4.83	+5.36	+16.70

PML 的折/ 溢價水平

在組合「Portfolio」版面中，需留意基金所持債券的分佈資料，包括以下各項：

1. 資產分佈：留意市政債券基金的現金比率，如果長期持有太多現金，代表基金經理太保守，那還不如我們自己做定存算了。PML 的現金長期處於低水平，是正常情況。

Asset Allocation PML					
Type	% Long	% Short	% Net	Bench- mark	Cat Avg
● Cash	1.54	0.31	1.23	—	-2.70
● US Stock	0.00	0.00	0.00	—	0.00
● Non US Stock	0.00	0.00	0.00	—	0.00
● Bond	98.68	0.00	98.68	—	102.55
● Other	0.10	0.00	0.10	—	0.15

As of 03/31/2019

PML資產分佈

2. 所持市政債券的評級分佈：以 PML 為例，投資級別的債券佔了79%，其中 A 評級以上的債券佔組合55%。評級高低是相對的，以市政債券基金的平均值而言，PML 已屬於高收益型的市政債券基金。

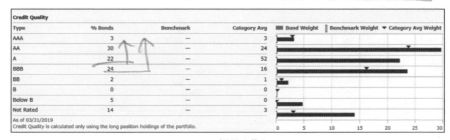

PML評級分佈

3. 所持債券的集資用途分佈： PML 的持股中，一般義務債券（General Obligation Bond）佔了11.1%，其餘是各收益債券與其他用途債券，與界內平均分佈相仿。一般義務債券相對比其他收益債券穩定性較高。

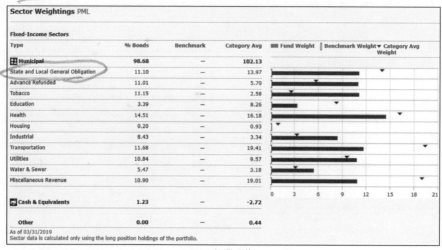

PML 行業分佈

4. 所持債券票息率分佈： 票息率決定了基金派息率，而PML所持債券的票息率接近九成在4%以上，已屬較高水平。

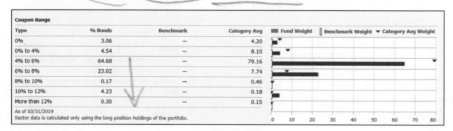

PML 票息率分佈

5.債券年期分佈： PML 所持債券以中長期為主，15年以上的債券佔了接近八成五，這也是一般市政債券基金的特色。

Bond Maturity Breakdown PML

	% Bonds	Benchmark	Category Avg	Fund Weight	Benchmark Weight	Category Avg Weight
1 to 3 Years	0.28	—	2.76			
3 to 5 Years	0.54	—	1.21			
5 to 7 Years	0.89	—	2.53			
7 to 10 Years	5.83	—	8.02			
10 to 15 Years	8.04	—	11.05			
15 to 20 Years	18.32	—	10.25			
20 to 30 Years	48.44	—	51.98			
Over 30 Years	17.67	—	11.50			

PML債券年期分佈

6.債券發行地區分佈： 這方面投資者要留意的是主要發債地區的分佈，PML 所持債券前三位分別為紐約州、伊利諾伊州及加利福尼亞州。

Bond State Breakdown PML

	% Bonds	Benchmark	Category Avg
New York	13.56	—	11.94
Illinois	11.81	—	9.95
California	9.68	—	15.29
Ohio	8.87	—	1.94
Texas	7.08	—	11.21
New Jersey	6.79	—	3.83
Arizona	5.38	—	2.63
Pennsylvania	4.68	—	1.14
Alabama	4.28	—	0.61
Georgia	3.99	—	3.66
Florida	3.87	—	4.47
Tennessee	2.12	—	0.05
Rhode Island	1.99	—	0.10
Colorado	1.98	—	5.61
Iowa	1.29	—	1.20
South Carolina	1.27	—	3.42
Missouri	1.16	—	0.05
Louisiana	1.07	—	0.30
Wisconsin	0.85	—	0.16
Washington	0.71	—	0.63
Michigan	0.58	—	0.31
Minnesota	0.47	—	0.63
Massachusetts	0.46	—	1.98

United States

N/C   0-5   5-10   10-20   20-50   >50

PML 地區分佈

7. 主要持股：這裏要留意的是，有否單一持股比重過高的問題。投資者選擇市政債券基金的本意，就是買進一籃子市政債券，可分散單一債券違約的風險，單一持股比重過高並不是一個好現象。

Top 25 Holdings	% Portfolio Weight	Nominal Value Owned	Nominal Value Change	Maturity Date	% Coupon
NEW YORK LIBERTY DEV CORP LIBERTY REV 5.75%	4.30	44,000,000	0	11/15/2051	5.75
HUDSON YDS INFRASTRUCTURE CORP N Y REV 5.25%	3.03	32,020,000	0	02/15/2047	5.25
BUCKEYE OHIO TOB SETTLEMENT FING AUTH 5.88%	2.56	29,400,000	0	06/01/2047	5.88
SALT VERDE FINL CORP SR GAS REV ARIZ 5%	2.50	22,400,000	0	12/01/2037	5.00
ILLINOIS SPORTS FACS AUTH 5.5%	2.34	26,225,000	0	06/15/2030	5.50
GRAND PARKWAY TRANSN CORP TEX SYS TOLL REV 5%	2.03	21,000,000	0	04/01/2053	5.00
JEFFERSON CNTY ALA SWR REV 6.5%	1.90	18,000,000	0	10/01/2053	6.50
TEXAS MUN GAS ACQUISITION & SUPPLY CORP I GAS SUPPLY REV 6.25%	1.87	18,015,000	0	12/15/2026	6.25
BUCKEYE OHIO TOB SETTLEMENT FING AUTH 6.5%	1.73	19,400,000	0	06/01/2047	6.50
TOBACCO SETTLEMENT FING CORP RHODE IS 5%	1.68	18,450,000	0	06/01/2050	5.00
JEFFERSON CNTY ALA SWR REV 0%	1.51	18,500,000	0	10/01/2050	0.00
ILLINOIS ST 5%	1.48	15,000,000	0	11/01/2027	5.00
TOBACCO SETTLEMENT FING CORP N J 5%	1.46	15,500,000	0	06/01/2046	5.00
CHICAGO ILL 5.38%	1.38	14,100,000	0	01/01/2029	5.38
SALT VERDE FINL CORP SR GAS REV ARIZ 5%	1.37	12,430,000	0	12/01/2032	5.00
BUCKEYE OHIO TOB SETTLEMENT FING	1.34	15,000,000	0	06/01/2037	6.25

PML主要持股

8. **基金費用**：基金費用包括Interest Expense、Advisor Fee、Registration Fee、Transfer Agent Fee等幾種。其中Interest Expense就是槓桿利息費，此支出是為了增加回報，屬於好的負債，其餘費用的總數就是基金內扣費用。投資者必需留意基金內扣費用比率會否相對過大，PML的內扣費用扣除槓桿利息費後是1.13%，屬正常水平。

Fees and Expenses PML	
Total Expense Ratio Reported 🈂	1.93%
Interest Expense	0.80%
Top 3 Expenses 🈂	
Advisor Fee	1.03%
Registration Fee	0.06%
Transfer Agent Fee	0.03%
Total Expense Ratio Adjusted 🈂	1.93%

PML基金費用

1. 93 - 9.8 = 1.13

1.13%

9. **歷史派息**：投資市政債券基金最重要的是其派息穩定性，以及是否從本金派息。派息成份分為債息收入（Income）、持有一年內的短期資本收益（S/T Cap Gain）、持有超過一年的長期資本收益（L/T Cap Gain）及資本返回（Return Cap）。其中Return Cap就是ROC，全寫是Return on Capital，即從本金中派息的部份。近幾年來PML派息都保持穩定，而且沒有從本金中派息的記錄，甚為不俗。

Latest Distribution History PML

	Income ⑦	S/T Cap Gain ⑦	L/T Cap Gain ⑦	Return Cap ⑦	Total
Year to Date (Est.)	0.3250	0.0000	0.0000	0.0000	0.3250
2018	0.7800	0.0000	0.0000	0.0000	0.7800
2017	0.7801	0.0000	0.0000	0.0000	0.7801
2016	0.7801	0.0000	0.0000	0.0000	0.7801
2015	0.7800	0.0000	0.0000	0.0000	0.7800

Annual distribution calculation is based on fund calendar year. Currency:USD

Annual Distributions PML

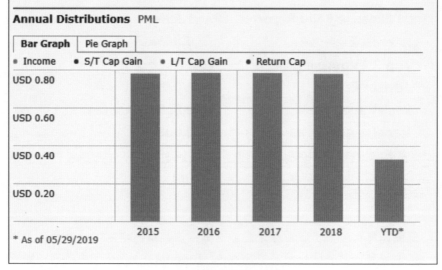

| **Bar Graph** | Pie Graph |

● Income   ● S/T Cap Gain   ● L/T Cap Gain   ● Return Cap

* As of 05/29/2019

PML 派息記錄及派息成份

 # 總 結

一般美國市政債券評級較高，多數屬於投資等級，違約率較低，但仍發生過市政破產的事件。封閉型市政債券基金等同買入一籃子市政債券，分散單一州或單一市政府違約的風險。

封閉型市政債券基金發行數量固定，基金規模不變，所以多數封閉型市政債券基金會使用槓桿增加投資效率，槓桿率大多不超過40%，年派息率約可達5%以上，比直接投資市政債券優勝。

封閉型市政債券基金多數是每月派息，而且較少從本金配發，價格相對平穩。由於持股以中長期債券為主，較受利率變動影響，市場利率上升時價格會下降，但在現時的利率環境下，加息機率預期下降，對之有利。

市政債券基金的收益率雖較高收益債券基金略低，但波幅較低、風險易控、穩定性較高。最重要的是，市政債與其他股權商品類、高收益公司債券、全球型國債及新興市場債券等資產呈現負相關或低度相關，可以代替息率很低的美國國債。把此類資產加入投資組合內，既有效減低固定收益投資組合的波動率，又能維持高回報，是很適合懶系投資法的現金流工具。

第九章

槓桿篇

投資界的
界王拳

界王拳，是筆者從小看到大的「龍珠」系列動畫/漫畫中的招數，由北界王創立，是一種短時間內將自己的戰鬥力，包括力量、速度、攻擊力與防禦力，提升數倍、數十倍甚至上百倍的招數。但此招對身體有極大的負面影響，使用時如果超出自身所能承受的範圍，身體就會垮掉。在「龍珠Z」、「龍珠超」、「龍珠劇場版」系列中，當主角悟空遇上實力超越自己的對手時，經常會使出這種絕招。

在投資世界中，也有類似龍珠世界中界王拳的招數，就是許多人聞之色變的「槓桿」。所謂槓桿，就是利用自己的投資資產作抵押，融資再投資，變相倍大自己的投資額。可供融資的資產一般有股票、債券、債券基金、結構性產品等等，不同的資產有不同的可槓桿水平，假如某資產的貸款價值比率（LTV）為80%，則槓桿最多可達1/(1-80%)=5倍，即最多可使出五倍界王拳。

槓桿的最好時機是在低息時期，好處是可賺取息差，只要融資的利率少於投資物的孳息率即可。這種套息投資的方法本來只通行於私人銀行（PB）的客戶，但十數年前開始逐漸滲透至普通理財客戶。在香港，某位課程導師兼Blogger經常推銷的「債基疊增」，聲稱能在低風險、低波幅下取得15-20%的年回報率，使用的方法就是在債券基金上運用高

倍數界王拳，呀，是高倍數槓桿才對。

對於槓桿的看法，一般人都是避之則吉的。但筆者覺得，凡事都有兩面。槓桿與界王拳都是雙刃劍，使用得宜適度，會令自己的戰鬥力加倍，使用過量，負荷超越自身能力，對身體就造成傷害。筆者最反對的，是為追求回報最佳化而盲目使用槓桿，忘卻風險評估，或胡亂將槓桿用於波幅高的投資物（例如高波幅股票）。但對於一些波幅較低、穩定、較不受短期市場氣氛影響的債券或其他固定收益類資產，於適當的時機（例如低息時代）使用適量槓桿，作為加大現金流的招數，是無可厚非的。

簡單説，槓桿放大了投資回報，同時也放大了波幅。槓桿用得太盡，很容易因價位波動觸及Margin位而被券商或銀行追補Margin，不補就會被強制平倉。這就像使出過多倍數的界王拳，一旦超出身體負荷反而會傷害自身。

使用槓桿增加回報的前提，必須建基於以下數點：

1. 投資物（台灣稱為投資標的）需具有高抵押值。貸款價值比（Loan-To-Value Ratio，LTV）建議起碼在70%或以上。

這裏有一項極重要風險因素，是券商或銀行對投資物的槓桿率隨時可以變動，你是絕對無法置喙的。例如原本LTV 80%的公司直債，可以在毫無徵兆的情況下，突然有一天降到60%，令投資者陣腳大亂。

這種情況筆者試過很多次，印象最深刻的一次是多年前剛開始進行固定收益資產投資時，曾以頗高槓桿通過銀行投資了一檔Xerox公司發行的投資級別債券。突然有一天理財顧問告訴筆者，銀行很快會將該債券的槓桿率降至零（就是完全沒有槓桿），理由是該公司將進行分拆（但該公司基本因素是完全沒變的啊）！由於降至零槓桿後保證金

要重新計算（即不以較低的維持保證金計算），一下子筆者的組合就會觸及補Margin水平！當時筆者萬般無奈，只能立即在低位沽出該債券，由於使用了槓桿而致使帳面上損失了不少。這件事直到現在筆者還耿耿於懷，也是促使日後不再通過該銀行進行債券投資的另一主要原因。

2. **借貸息率與投資物的莩息率必須有一定息差，而且息差不能過窄。**息差除增加回報外，還作為加息風險的緩衝，以筆者個人的標準，息差最好在3%以上。

如此，投資物派息的穩定性就極之重要了，因此在固定派息類的資產（公司直債、ETD或優先股等）上使用槓桿，比其他投資產品較為適合。

以債券基金為例，其派息並不是保證穩定的，當基金持有的債券被拋售時，債價會因供求因素而下跌，基金價格也隨之下跌。不少債基遇到此情況，就可能會減少派息，反正基金價格跌了，派息降低也不會影響股息率。但對投資者而言，息差就縮窄了，假如債基的息率減到與借貸利率倒掛，投資者隨時得不償失。

此外，還有借貸利率的浮動性風險。雖然現在似乎又進入減息週期，但賺息差的投資方法仍遠不如十年前那麼容易（息差相對較窄）。

3. **借貸應為還息不還本，或極長期的借貸（例如超過二十年的借貸），使還款中的本金部份減至最少或沒有。**投資者應盡量避免以短債還長債，否則容易造成現金流錯配（Cash flow Mismatch）的問題。

4. **投資物的價格與派息率需較為穩定，價格波幅太大容易觸及補倉位，派息率不穩定則容易造成Cash flow Mismatch的問題。**此外，單一投資物的非系統性風險太大，應以組合方式（例如公司債＋市政債＋REITs）來盡量減低與分散風險。

 # 以槓桿對沖
錯幣風險

以上說了這麼多，好像槓桿伴隨的就只有風險，這也是一般人的印象。但其實，使用槓桿也可以減少組合的風險。

甚麼，使用槓桿可以減少風險？這不是在痴人說夢嗎？其實，這裏所謂減少的風險，並非指價格風險或利率風險，而是外匯風險。

舉例而言，筆者甚為喜愛的一種投資物是新加坡 REITs，因其類別比香港 REITs 多樣化，又不像美國 REITs 那樣需繳 30% 預繳稅，變相派息率較高。但新加坡 REITs 的最大缺點，是多以新加坡貨幣計價（筆者也較喜歡資產以當地物業為主的 REITs），這就帶來了外匯風險——由於 REITs 的資產本身及收入是新加坡元，對於本幣是港元與美金的筆者來說，不免有外匯兌換的浮動風險。

但是，利用筆者手中原有的美元或港元資產（例如美元債券或港股）作為抵押，使筆者可以在完全沒有新加坡元的情況下借入新加坡元來投資新加坡 REITs。這樣一來，由於所持資產與負債都是以新加坡元計價，資產升值負債升值，資產貶值負債貶值，無形中就對沖了外匯風險，這就是以槓桿來對沖錯幣風險的原理。而且新加坡貨幣的借貸利率通常比美元或港元低，加上 REITs 的強制性派息比率規定，令息差更容易控制。

同樣，熟悉日本或英國投資物的話，借入日元投資日元資產、借入英鎊投資英國資產，也都是有效的對沖錯幣風險的方法。

如何計算
槓桿

在平穩的現金流資產上使用槓桿投資，確實能增加回報。假設以100元投資6%孳息率的投資物（例如債券、優先股等），使用了兩倍界王拳，即兩倍的槓桿，總價值為200元，借貸利息為2%，則最終戰鬥力，即孳息率就提升為：

$$[6 + (6 - 2)] / 100 = 10\%$$

使用界王拳，不能只計算戰鬥力，還要衡量身體的負擔能力。同樣，使用槓桿切忌只看回報率，還要清楚了解保證金（Margin）、又稱孖展的計算方法，知道到底整個組合跌多少跌幅，才需要補充保證金。

保證金與組合跌幅關係的計算方法，首先，你必須知道你的投資組合可做的最高槓桿比率，及你實際做了多少槓桿比率才計算得到。

槓桿比率 = 總資產 / 本金

在銀行做槓桿投資，銀行可能只會告訴你投資物的Loan-To-Value Ratio（LTV Ratio），你就要自己計算最高槓桿比率。舉例，如果投資物的LTV Ratio為70%，則最多可做3.33倍槓桿（3.3倍界王拳），計法如下：

LTV=70%，最高槓桿比率為1 / (1-0.7) = 3.33

在IB或其他券商做投資，通常以維持保證金（Maintenance Margin）的金額來表示最高槓桿比率。例如購買100,000元在某投資物時，該投資物的維持保證金為30,000元，則最高槓桿比率為：

100,000 / 30,000 = 3.33倍

留意另有一項數值為初始保證金（Initial Margin），數額比維持保證金大。以投資100,000元於某投資物為例，顯示為：

投資數額：100,000

初始保證金（Initial Margin）：35,000

維持保證金（Maintenance Margin）：30,000

意思是投資者購買當前總價為100,000元的投資物時，只需付最低
35,000元，其餘65,000元由借貸支付。但當該投資物的市場價格跌，
跌至投資者的淨資產值（總資產值 — 負債）低於30,000元時，投資
者就必須補倉。例如淨資產值跌至20,000元時，投資者就必須補倉
10,000，以符合維持保證金標準。

很多人都有一個疑慮，到底槓桿比率要設定多少才適當呢？這是因各人
的風險承受程度、投資標的穩定性、目標回報率等等因素而不同，根本
沒有一定的答案。但技術上首先要考慮的是，你認為你的組合最多可能
跌多少？

例如，假設你的資產組合的最高槓桿比率為3.33（LTV=70%），你覺得
在最壞的情況下都不會跌超過一半，便不應使用超過1.5倍槓桿。

假設使用了1.5倍槓桿，一開始為：

$$150 / 100 = 1.5$$

如果資產跌了50%（150 / 2 = 75元），組合的槓桿比率變為：

$$(150 - 75) / (100 - 75) = 3$$

由於3仍未大過3.33，即仍可存活下去，還不用補倉。

但如果資產跌了55%（82.5元），組合的槓桿比率變為：

$$(150 - 82.5) / (100 - 82.5) = 3.86$$

由於3.86大過3.33，需要補倉。

以上的估算只是作為考慮的起點，由於證券商可能隨時會因應市場情緒、延伸波幅、投資物的基本因素轉變、甚至組合的分散程度等等因素而變動組合的最大槓桿率，所以即使組合淨資產價格維持不變，之前提到的維持保證金（Maintenance Margin）也可能每天都有所不同。投資者使用槓桿後，需要時時監察維持保證金金額的變動，防止措手不及的情況出現。

再次強調，槓桿除擴大了投資物的風險波幅，也有借貸成本的風險（例如加息風險），使用與否絕對視乎個人的風險承受能力。筆者絕不鼓勵在未清楚自己的承受能力之前，因貪圖增加現金流而使用槓桿，就算使用了，也請不要用盡。

不用盡槓桿的另一原因，除了作為組合下跌的緩衝外，其實也是等於預留資金等待市場錯價時，有實力去趁低吸納。

超界王拳——
外匯套息交易

在「龍珠」漫畫系列中，主角悟空有能力變身超級撒亞人後，就沒有再使用過界王拳。有一種說法是，由於超級撒亞人本身已經是對身體增加負荷而起到戰鬥力翻倍的效果，在此基礎上再使用界王拳身體會承受不了。可是，在最新的「龍珠超」動畫系列中，悟空還是在超級撒亞人藍狀態下使用了界王拳。其實，界王拳的副作用是對身體造成負擔，而超級撒亞人變身則是氣的消耗，兩者的損害不同，但兩種招數同時使出，副作用會互相疊加。

在固定收益投資世界中，也有類似的「超界王拳」的疊加招數，就是以槓桿借入一種外幣，來投資另一種貨幣計價的資產。這與之前分享過的，借入一種外幣來投資同種外幣資產的對沖風險之方法，大為不同。

為何要這樣做呢？就是想擴大投資物的孳息率與借貸息率之間的息差，以增加回報率。

舉例而言，多數固定收益投資者的投資物都是美國公司債、美國市政債、美國ETD或美國優先股等等，無他，美債市場是全球最大的債券市場，美元（或與之掛鈎的港元）也是大多數台港兩地投資人的基礎貨幣。但是，隨著之前美國聯儲局的多次加息，美元與港元的融資息率幾乎已到了「無利差可圖」的地步。以IB為例，即使現時美國已停止加息，美元息率（0-100,000階層）仍維持在3.9%左右。

幣種	等級	收取的利率
美元	0 - 100,000	3.87% (BM + 1.5%)
	100,000.01 - 1,000,000	3.37% (BM + 1%)
	1,000,000.01 - 3,000,000	2.87% (BM + 0.5%)
	3,000,000.01 - 200,000,000	2.67% (BM + 0.3%)
	200,000,000.01 +	2.67% (BM + 0.3%)

IB的美金借貸利率（截至2019/06/24）

由於美元的息率上升，槓桿投資固定／穩定收益資產的息差比數年前已大幅縮小，如果不調整自己的期望回報率，仍堅持前幾年的回報，很容易就會落入忽視風險的陷阱。有外匯投資經驗的投資者，就會考慮借入較低息率的貨幣來還美元融資，維持息差。

現時的低息貨幣包括瑞士法郎、歐元、日元、瑞典克朗幾種，最高的借貸息率也只是1.5%，而且是長期維持低息率，其中又以歐元與日元最為人所熟悉。借入歐元或日元購買美元資產（例如美債）是最多網友詢問過的做法，其實筆者一向不鼓勵這樣做，最大的原因，是有外匯風險（Currency Risk），又稱匯率風險。

槓桿投資本身已放大了價格風險與利率風險，如果再加上匯率風險，就像變身超級撒亞人後再使用界王拳，成為「超界王拳」，但副作用疊加，風險因素增加了。

瑞士法郎	0 - 100,000	1.5% (BM + 1.5%)
	100,000.01 - 1,000,000	1% (BM + 1%)
	1,000,000.01 - 200,000,000	0.5% (BM + 0.5%)
	200,000,000.01 +	0.5% (BM + 0.5%)

IB 的瑞士法郎借貸利率（截至 2019/06/24）

歐元	0 - 100,000	1.5% (BM + 1.5%)
	100,000.01 - 1,000,000	1% (BM + 1%)
	1,000,000.01 - 150,000,000	0.5% (BM + 0.5%)
	150,000,000.01 +	0.5% (BM + 0.5%)

IB 的歐元借貸利率（截至 2019/06/24）

日元	0 - 11,000,000	1.5% (BM + 1.5%)
	11,000,000.01 - 110,000,000	1% (BM + 1%)
	110,000,000.01 - 20,000,000,000	0.5% (BM + 0.5%)
	20,000,000,000.01 +	0.5% (BM + 0.5%)

IB 的日元借貸利率（截至 2019/06/24）

瑞典克朗	0 - 850,000	1.5% (BM + 1.5%)
	850,000.01 - 8,500,000	1% (BM + 1%)
	8,500,000.01 - 850,000,000	0.5% (BM + 0.5%)
	850,000,000.01 +	0.5% (BM + 0.5%)

IB 的瑞典克朗借貸利率（截至 2019/06/24）

最近，筆者開始留意日元走勢。最主要的原因，是看到日元作為避險貨幣，因應貿易戰的惡化而開始強勢。假如想借入日元還美元欠債（或增加美元現金購買美債），操作上就是買入美元、沽出日元。留意，要減低匯率風險，應該在該貨幣處於相對強位時才做（此處指日元相對美元在強位），之後該貨幣由強轉弱，負債就會縮水。

到底外匯風險的波幅有多大呢，以下以最常見的歐元與日元，相對美元的匯率來舉例。

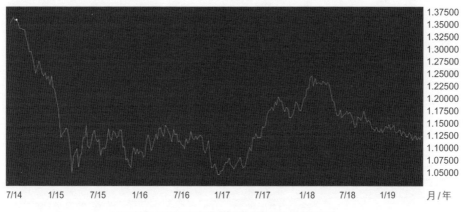

歐元兌美元的五年歷史走勢圖（截至2019/06/06）

以歐元來說，五年內最強大約在1.365，最弱大約在1.045，五年高低波幅超過30%，如果縮至近三年的匯價圖表，高低波幅也接近20%。

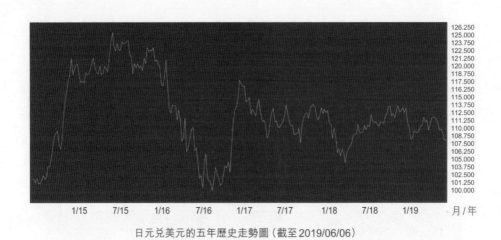

日元兑美元的五年歷史走勢圖（截至2019/06/06）

至於日元，五年內最強大約是100.204（留意日元圖表強弱與歐元相反，愈低是愈強），最弱大約在125.626，五年高低波幅是25.42%。如果縮至三年期，高低波幅是15.28%。所以相對歐元，日元確實是較平穩的貨幣。

如果將圖表拉遠至十年，又是完全不同的景象，但就近五年來説，日元從未升穿過100元。假設100元是一個大阻力位，以現在日元對美元匯價大約徘徊在108-110左右，如果日元續升，會有最多大約10%的利損空間。現在日元對美元的息差大約是2.4%，就是説現在就借入日元代替美元，又不做任何對沖的話，需持續借四年多才可彌補。當然較好的機會，應該是日元升至100元阻力位附近且穩定後才下手。

 # 使用「超界王拳」的反思

前段時期，在某投資群組內曾熱烈討論過槓桿借入歐元日元投資美元資產這種「超界王拳」招數的匯率風險，有人提到這種息差操作，會長期借貸，反正永遠都不想還，匯率風險可視而不見，不少人真的這樣認為並這麼做了。這種邏輯有沒有破綻？

在筆者看來，這種想法與買了股票後不賣就沒賠、「無限加時」的做法相似。另一種相似情況，就是許多投資者投資開放型債券基金時，只看配息不看價格波動，反正就是長期收息，並沒有「賺息蝕價」這回事。

我立即想到兩個被逼「拆倉」的可能性：

1. 假如歐元日元大幅升值，例如升一倍，原本的1.5%借貸息率變相要還相當於3.0%，已無甚息差可賺。

2. 如果美元減息或歐元日元加息，與美元息差倒掛，這種外匯息差交易立即得不償失。

我將有關想法放到FB的台灣固定收益投資群組內討論，某投資高手提出第三種可能性，也是最危險的那種：「因低利借太多日圓／歐元，然後就使用了高槓桿，原本沒事，結果因為匯率波動，導致帳戶維持率不足，要被迫斷頭清倉！」

在筆者的角度，「懶系投資法」的精髓，就是在最少的變數下獲取穩定的現金流，變數愈多，愈不可控。而影響匯率波動的因素極多，包括國家外匯儲備、利率、通貨膨脹、政治局勢等等，容易有黑天鵝的情況出現。例如當年歐元高企時，也沒有甚麼人會想到今天的弱勢。

匯率風險雖然可以使用外匯期權或期貨來對沖，但對沖也有成本，而且為了節省2%多一點的融資成本而將投資本身複雜化，不大符合「懶系投資法」中「簡單即美」的原則。而且，外匯負債也會令組合的可槓桿率下降，降低了加碼投資的彈性，所以筆者不喜歡使用此招數。當然，富外匯操作經驗的投資者不在此限，他們甚至可能通過適時進出，順便賺取外匯價差呢。

第十章

風險篇

被忽視的
風險評估

投資不同的固定/ 穩定收益資產，其風險不外乎利率風險、違約風險、價格風險、業務風險這幾類。一說起風險，很奇怪地一般散戶投資者經常趨於兩極：一種人的習慣是完全不去理會，只以回報率為目標，靠直覺投資；另一種剛好相反，總是將風險因素一古腦地堆出來，風險愈說愈多，愈說愈怕。

前一種人沒有考慮自身對風險的承受能力，容易陷自己於危險之地，這是眾所週知的，不必多論。另一種人，只是習慣性地一昧將風險因素列出，卻大多不去做量化風險的工作，純粹就是列出一大堆悲觀可能性，自己嚇自己，最後甚麼也幹不了，卻也不見得理智。

所謂回報與風險，在投資領域往往是一體兩面，我們能做到的，只是盡量在較低的風險下，尋求較高而穩定的收益，也就是所謂「值博率」，或稱「CP值」。要做到這點，一定要把風險評估量化。風險不可怕，不去評估風險水平才可怕。

說白了，把公開的風險拿出來重念一遍，把它放大，根本不算什麼研究。只要是投資，就伴隨著風險，重點應是這樣的風險，配上這些多一些的孳息率是否值得。只談論風險而不去做評估量化，與完全忽視風險相比，只是五十步笑一百步而已。

平台
風險

成功的固定收益資產投資者（或稱為現金流投資者），通常並不將自己限定於當地市場，而習慣在全世界的市場尋求高「CP值」的現金流資產。在投資平台的選擇上，可以用低成本投資世界各類型的商品種類（包括全球股票、ETF、債券、基金、期貨、CFD等等）的投資平台，本應該是首選。但實際上，多數台港兩地的投資人，投資平台仍局限於當地的銀行、券商或複委託。相對於美國網上證券商（例如IB盈透、Firstrade、TD Ameritrade、Charles Schwab、eToro等等），很多人都知道本地銀行、證券商與複委託收費昂貴、選擇少、門檻高，但大多數人仍堅持留在這些本地平台投資，究其原因，除了方便、熟悉及遺產稅問題外，覺得這些熟悉的本地平台比較不會倒，也是主要原因之一。

以著名網路交易商Interactive Brokers（IB盈透證券）為例，有時在網上看到某香港Blogger經常在說倒閉風險，然後又有一大堆人叫囂，一會兒說IB倒閉就會血本無歸，一會兒又說美國的遺產稅有多重多重，說得好像明天IB就會倒閉、美國遺產稅只針對IB、而且IB客戶吃豆腐都會隨時噎死一般。

看到這些評論或留言，筆者總會覺得，這班人只適合定期存款，而且還要將存款分為幾十份分別存入幾十間銀行那種。但不是的，據我所知，這班人很多都將幾百萬股票資產放在本地證券行，卻又不覺得那有任何倒閉風險。

凡事都有風險，「公司有可能倒閉」與「阿媽是女人」一樣，都是人盡皆知的廢話。要衡量IB的倒閉風險，一定要與其他平台作比較才有意思，包括你認為絕對安全的銀行。

其實IB是在美國NASDAQ上市（上市編號IBKR）、全球規模最大、排名第一的網路證券商，許多專業投資機構都是用IB操作為主，連專業交易員常用的bloomberg也是綁定IB。IB除了是證券商外也提供資訊服務，許多中小型證券商背後都是透過IB的系統在交易。

筆者隨手挑出香港一間上市銀行（東亞銀行）與一間上市證券行（耀才證券），與IB作個簡單比較。這兩間都是分行遍佈港九新界、擁有非常多證券客戶的著名銀行與證券行。

	Interactive Brokers Group, Inc.	東亞銀行	耀才證券金融
交易所	NASDAQ	HKG	HKG
上市編號	IBKR	23	1428
市值 (USD in Billion)	22.66	8.87	0.32
2018 年收入 (USD in Billion)	1.90	2.03	0.12
2018 年自由現金流 (USD in Billion)	2.32	(2.46)	(0.38)

(資料截至 2019/6/7@Morningstar)

上表我只是擷取了一點財務數字，並統一為美元以方便比較。只看公司市值，IB超過226億美元，不但遠高於東亞銀行的88.7億美元，更超越一大半香港藍籌公司的市值，耀才的3.2億美元市值與之相比更是不堪一提。至於資產負債比、盈利能力、資產回報率等等，有興趣的讀者可自行再研究，筆者並不打算在此作甚麼深入分析，也不是要作甚麼結論，只是拋磚引玉。

很多人總是覺得聽說過的、看得到的、有分行的，就等於不會倒。其實一般人的眼界很有限，作判斷時只憑印象行事，容易一廂情願、失諸偏頗。你要堅持自己的投資平台比其他不熟悉的平台比較不會倒，最好還是要經過資料搜集，有客觀數據支持。當你分析後，仍覺得耀才的分行你見得到，你的朋友也都在那裏炒股票，所以會比IB更穩，筆者也無話可說。

事實上，衡量平台風險，最重要還是要看該平台對客戶資產的保障。現在大部份證券商（包括IB與其他美國網上券商）都將客戶資產隔離於專用銀行或託管帳戶中。分離客戶資產的好處在於當證券商違約或破產，而客戶沒有借入資金或股票、及未持有期貨頭寸時，客戶資產可以返還給客戶。

此外，一般大型美國證券商，包括IB盈透、Firstrade、TD Ameritrade、Charles Schwab等，客戶的證券帳戶都受到美國證券投資人保護公司（SIPC）最高達50萬美元（現金額度25萬美元）的保護。反之，通過香港的銀行/證券商投資，香港「投資者賠償基金」（https://www.sipc.org/）只提供上限十五萬港元的證券保障與十五萬

港元的期貨合約保障，這種低程度的保障，還只限香港交易所買賣的產品（就是不包美股美債等外地資產啦）！

筆者較為熟悉的IB盈透，情況有點特殊，IB LLC（Interactive Brokers LLC）除了有SIPC的五十萬美元保障外，更與倫敦勞埃德保險公司（Lloyd's of London）承銷商協定了超SIPC賠額政策，令IB證券帳戶享有額外最高達3000萬美元（現金額度90萬美元）的保護，總限額為一億五千萬美元。

但是，IB LLC在2015年將香港客戶由IB LLC轉到IB HK（Interactive Brokers Hong Kong Limited），而IB HK只受香港證券和期貨委員會（Hong Kong Securities and Futures Commission）監管，換句話說，IB HK的香港客戶並不在SIPC或勞埃德的保護範圍內。所以，IB HK客戶與香港其他證券行客戶一樣，只有低得可憐的十五萬港元「投資者賠償基金」保障，並只限港股。為了證實此事，筆者特地以書面向IB查詢，得到正式回覆如下：

尊敬的 X 先生：

IB-HK 並不是 SIPC 的會員，所以並不受到每個帳戶 50 萬美金額度的保護。IB-HK 的帳戶受到的是香港的 Investor Compensation Fund 的保護，額度為一個帳戶最高 15 萬港幣，具體信息請您參考：http://www.hkicc.org.hk/index.htm。 IB-LLC 實體下的客戶均受到 SIPC 的保護，而決定帳戶所歸屬什麼實體則取決於客戶的合法居住國而非單單住址，合法居住國為香港的客戶開立的帳戶為 IB-HK 實體的帳戶，如果您由香港居住民改為了其他地區的合法居民，因帳戶實體之間不可以相互轉換，您需要使用新的身份重新開立一個盈透帳戶，IB-HK 的舊帳戶將不能繼續使用。

如果您還有任何其他疑問，請聯繫我們，謝謝。

此致，

XXXXX

客戶服務

美國盈透證券

基於 IB LLC 與 IB HK 保障額的落差，許多香港投資者都想要 IB LLC 戶口而不是 IB HK 戶口。那也不是不可以，但就不能以港人身份開戶，要有外地身份證明（例如澳門、台灣等），還要有住址證明。

如果已有 IB HK 戶口，想用移民理由轉到 IB LLC 戶口可以嗎？以移民台灣為例，這次我以英文作書面查詢，以下是 IB 的正式回覆：

Dear Mr. XXXXX,

Thank you for contacting Interactive Brokers' client services team.

To transfer your account from IB HK to IBLLC US, you would have to open a new account with Interactive Brokers LLC with your residential address in Taiwan. After that, you may submit us a ticket to request the full internal account transfers. The full internal account transfer would transfer all your assets (including positions and cash) from the IB HK account to IBLLC US account. Please note that the process of internal transfer is manual and it may take one to two weeks for the transfer to complete.

If you have any further questions, please feel free to respond to this ticket so that I may further assist.

Regards,

XXXXX

Interactive Brokers Client Service

美國遺產稅
風險

如果有投資美國資產，例如美股、美國基金等，遺產稅需依美國法令辦理，目前免稅額6萬美金，超過的採用累進稅率，約15%~35%不等，債券類資產則免繳遺產稅（詳情參閱 https://www.irs.gov/individuals/international-taxpayers/some-nonresidents-with-us-assets-must-file-estate-tax-returns）。但不知為何，無論在台灣或香港，總有人認為通過當地證券商／銀行或其他複委託投資美國資產，就可以避免全部美國遺產稅。而筆者的理解是，美國屬全球徵稅，不管你通過甚麼渠道投資美股或美國房地產，遺產稅都是免不了的。但目前处理方便

但為甚麼會有這種使用本地券商就可避稅的說法呢？我想最主要的原因，是有些銀行／證券商業者在資產所有人過世後，沒有向美國稅務單位通報而直接結束戶口或更改客戶姓名，其實這樣做理論上已屬於逃稅。所以，美國遺產稅的問題，並不是海外券商獨有，只要有投資美國資產，都會面對同樣的問題。

債券類的利率風險

債券能成為懶系投資法的主力之一，主要因為其獲利來自於債券的利息，只要發行公司不倒，理應是十分穩定的投資工具。債券的本意就是把錢借出去，只要利息及本金可以依合約拿回來，沒有蝕本的道理。但現實上，即使公司基本因素不變，由於多數債券的到期時間較長，本金需要很久才拿得回來，其市場價格就很容易受到市場利率的變化而波動，這就是債券的利率風險。

衡量債券價格對市場利率變化的敏感度，就要依靠債券的存續期（Duration）。理論上，一隻債券的存續期愈長，就代表這檔債券對利率比較敏感，只要市場利率稍有變化，就會造成債券價格較大的波動。相反，存續期較短，對市場利率的敏感度就會比較低。

但為何利率變化會造成投資損失呢？只要公司沒有違約就一定可以取回本金與利息呀，怎麼會因為市場利率的變化而虧損呢？這就是因為在持有債券期間，投資者可以隨時在市場上轉售，只要有市場價格，就會有供求的影響出現。

在債券篇中分享過,一般投資者都會以十年或二十年美國國債作為無風險利率的基準(Benchmark),因為美國政府理論上是世界上最沒有可能違約的發債體。假設現時十年美國國債孳息率為2.1%,而某公司還剩十年到期的債券孳息率為5%,代表市場認為該公司的風險溢價為2.9%(5% - 2.1%),即投資者願意冒該公司十年內倒閉的風險,來換取額外每年2.9%的回報。

如果有一天,十年美國國債孳息率升至3%,依2.9%風險溢價的標準,該公司債券必須提供5.9%的孳息率,才可以吸引投資者繼續持有。所以在有效的市場機制下,該債券價格必然下跌,使其孳息率上升到5.9%的水平。

有些投資者誤以為債券存續期等於債券年期,其實存續期的簡單定義,可視為投資人收回其債券投資的成本所需要的時間。由於大部份債券會在到期日前定時派息,收回投資成本的時間會短於債券年期,所以存續期都會低於債券年期(零息債券除外,其存續期等於到期年數)。債券存續期的計算公式較為複雜,這裏就不多解說,有興趣的讀者可自行上網尋找資料。另外,提供一個自動計算存續期的網站:

https://knowpapa.com/durc/

存續期的單位雖然是年,但在實際應用上,只是用來衡量債券價格對利率變化敏感的程度,與時間是沒有直接關係的。一般投資者會直接使用存續期來代表受市場利率的影響率,但筆者會用修正後的存續期,公式如下:

市場影響率 = 存續期 / (1 + 債券孳息率)

例一，債券 A 的孳息率為 6%，存續期為 5 年，則市場影響率為

$$5 / (1 + 6\%) = 4.72$$

也就是當市場利率上升 1% 時，債券 A 的價格會下跌 4.72%，反之亦然。

例二，債券 B 的孳息率為 8%，存續期為 8 年，則市場影響率為

$$8 / (1 + 8\%) = 7.41$$

也就是當市場利率上升 1% 時，債券 B 的價格會下跌 7.41%。很明顯，債券 B 的價格受市場利率影響比債券 A 大，也就是利率風險較高。

債券類的
信用風險

投資公司債券，主要有利率、匯率與信用三大風險。現在美國停止加息，利率風險有所下降；如果在香港生活，由於港幣與美元掛鈎，投資美元計價的美債也無甚匯率風險；剩下的，只有最重要的公司違約引致的信用風險。有很多保守投資者，長篇大論地放大公司倒閉風險，他們也許是對的，有些也表現出對非投資級別公司（或較低級的投資級別公司）的缺點有全面認識。但是，我發現大部份人在投資債券上，還是習慣性以投資股票的眼光去分析。

投資股票時，我們追求的是「營運有效率、有增長的好公司」，以期分享其成長；但在債券領域，我們追求的是「盡量高回報，只要到期前不要倒閉或違約的公司」。

2018年底，通用電器（General Electric Co., GE）由於業績陷入困境、負債過高且被信評機構降級，其債券遭到瘋狂拋售，孳息率已與垃圾級債券相當。當時筆者趁低吸納了一些GE的三年期短債，被網友非議。同時間，筆者也吸納了JP Penney Corp Inc.（JCP）的一年期短債，全世界都知道JCP公司營運差、負債高、零售百貨公司前景不明，有破產的危機。可以這樣説，這些非投資級別公司（或較低級投資級別公司）

的債券，可以給出很高的孳息率，一定有其原因，所謂回報與風險，在投資領域往往是一體兩面。

投資股票，可以避開這類公司，尋找看似毫無缺陷與風險的公司（儘管筆者很懷疑世界上有否這種公司存在，有的話其價格是否還值）。但債券呢？尋找好像毫無破綻的公司，然後接受可能與十年或二十年美國國債差不多的孳息率？那為何不直接投資美國國債？有人說，那可以等待市場發生系統性風險再低價購入好公司的債券呀。但別忘記，市場系統性風險增加時，大部份公司債券的信用風險也一樣隨之增加，到時，所謂「好公司債券」，只怕又不符合閣下的無風險定義了。

只要是投資，就伴隨著風險，重點應是這樣的風險，配上這些多一些的孳息率是否值得。例如 GE 與 JCP 公司債券，全世界都知道公司有未解決的問題，我們應該考慮的是，承擔兩年內該公司倒閉機會的風險所賺取的孳息率，對比無風險性質的美國國債孳息率，是否值得？有否能力承擔？應佔組合比率多少？這才是正確的考慮方向。

事實上每年評級機構都有大量關於公司違約的分析，我們先看看下圖：

Average cumulative issuer-weighted global default rates by alphanumeric rating, 1983-2018																			
	1	2	3	4	5	6	7	8	9	10	11	12	13	14	15	16	17	18	19	20
Aaa	0.00%	0.01%	0.01%	0.04%	0.06%	0.10%	0.13%	0.13%	0.13%	0.13%	0.13%	0.13%	0.13%	0.13%	0.13%	0.13%	0.13%	0.13%	0.13%	0.13%
Aa1	0.00%	0.00%	0.00%	0.05%	0.09%	0.14%	0.14%	0.16%	0.22%	0.27%	0.34%	0.48%	0.65%	0.82%	0.95%	1.06%	1.18%	1.31%	1.31%	1.31%
Aa2	0.00%	0.01%	0.11%	0.23%	0.35%	0.43%	0.51%	0.61%	0.73%	0.87%	0.99%	1.13%	1.25%	1.31%	1.37%	1.49%	1.71%	1.95%	2.19%	2.43%
Aa3	0.04%	0.12%	0.17%	0.24%	0.37%	0.48%	0.62%	0.74%	0.82%	0.90%	1.16%	1.30%	1.39%	1.46%	1.52%	1.56%	1.70%	1.96%	2.22%	
A1	0.07%	0.20%	0.41%	0.61%	0.81%	1.02%	1.22%	1.41%	1.55%	1.72%	1.92%	2.13%	2.36%	2.65%	2.94%	3.22%	3.51%	3.78%	3.95%	4.12%
A2	0.05%	0.14%	0.29%	0.49%	0.72%	1.05%	1.40%	1.76%	2.13%	2.50%	2.86%	3.18%	3.50%	3.87%	4.29%	4.76%	5.32%	5.86%	6.29%	6.70%
A3	0.05%	0.16%	0.36%	0.54%	0.80%	1.01%	1.27%	1.56%	1.89%	2.15%	2.38%	2.63%	2.94%	3.28%	3.72%	4.12%	4.41%	4.83%	5.29%	5.76%
Baa1	0.12%	0.33%	0.58%	0.84%	1.07%	1.31%	1.53%	1.69%	1.86%	2.09%	2.39%	2.79%	3.21%	3.58%	4.03%	4.58%	5.10%	5.49%	5.68%	5.81%
Baa2	0.16%	0.41%	0.68%	1.04%	1.36%	1.71%	2.08%	2.47%	2.89%	3.34%	3.89%	4.42%	4.97%	5.46%	5.94%	6.35%	6.71%	7.15%	7.68%	8.09%
Baa3	0.24%	0.60%	1.03%	1.54%	2.17%	2.81%	3.37%	3.98%	4.57%	5.13%	5.65%	6.14%	6.71%	7.34%	7.82%	8.55%	9.47%	10.35%	11.16%	11.67%
Ba1	0.43%	1.42%	2.63%	3.83%	5.09%	6.26%	7.17%	7.91%	8.66%	9.52%	10.38%	11.30%	12.10%	12.70%	13.56%	14.39%	14.98%	15.78%	17.07%	18.15%
Ba2	0.74%	1.92%	3.30%	4.69%	5.97%	7.00%	8.01%	9.16%	10.47%	11.84%	12.85%	13.82%	14.47%	15.25%	16.24%	16.86%	17.49%	17.97%	18.57%	18.66%
Ba3	1.36%	3.82%	6.78%	10.05%	12.74%	15.25%	17.60%	19.79%	21.79%	23.69%	25.36%	27.06%	28.92%	30.86%	32.52%	34.34%	35.99%	37.44%	38.42%	38.94%
B1	1.99%	5.30%	8.93%	12.44%	16.01%	19.28%	22.48%	25.26%	27.73%	29.72%	31.51%	33.00%	34.65%	36.57%	38.07%	39.40%	40.68%	42.04%	43.43%	44.82%
B2	3.00%	7.69%	12.37%	16.67%	20.27%	23.56%	26.40%	28.71%	30.88%	32.88%	34.50%	36.20%	37.52%	38.88%	40.57%	42.17%	43.52%	44.66%	45.18%	45.92%
B3	4.90%	10.69%	16.55%	21.68%	26.25%	30.29%	33.69%	36.66%	39.09%	41.05%	42.59%	43.61%	44.66%	45.76%	46.65%	47.78%	48.97%	49.96%	50.89%	51.19%
Caa	7.90%	15.33%	21.85%	27.42%	32.17%	35.96%	39.12%	42.13%	45.00%	47.28%	48.99%	49.59%	50.12%	50.24%	50.51%	51.03%	51.18%	51.18%	51.18%	51.18%
Ca-C	30.67%	40.87%	47.70%	52.41%	55.14%	56.37%	58.85%	60.60%	61.52%	61.52%	62.08%	62.95%	63.48%	63.48%	63.48%	63.48%	63.48%	63.48%	63.48%	63.48%
IG	0.09%	0.24%	0.43%	0.66%	0.90%	1.16%	1.41%	1.69%	1.91%	2.16%	2.43%	2.70%	3.00%	3.29%	3.60%	3.93%	4.26%	4.61%	4.93%	5.20%
SG	4.12%	8.37%	12.41%	16.02%	19.12%	21.76%	24.07%	26.09%	27.91%	29.51%	30.85%	32.05%	33.16%	34.29%	35.41%	36.46%	37.37%	38.24%	39.10%	39.79%
All	1.63%	3.26%	4.76%	6.04%	7.12%	8.03%	8.80%	9.47%	10.07%	10.61%	11.10%	11.55%	11.99%	12.43%	12.87%	13.31%	13.72%	14.14%	14.52%	14.84%

Source: Moody's Investors Service

1983-2018 公司違約率統計

這是穆迪機構對1983年至2018年不同投資級別公司違約率的統計。在債券篇分享過，只要債券組合有20-30隻，加上行業的分散，理論上就可以接近以上的統計數字。我們可以對照自己的債券組合，從而對自己承擔的平均違約風險得到大致的了解。例如組合平均投資級數為垃圾級Ba3，則過去一年違約率為1.36%，過去十年累積的違約率為23.69%。

以Ba3級一年違約率1.36%為例，假如組合收取7%的年孳息率、沒有槓桿，組合就有5.64%（7% - 1.36%）的純孳息率（這是假設倒霉到極點，違約的債券一毛錢本金都取不回來的情況下）。我們要做的，只是在選擇此20-30隻債券時，通過自己的分析，盡量將此1.36%違約率壓低。

或曰，這只是過去統計的平均數字，如果遇上系統性風險，公司債有相當關聯性的話，就有機會火燒連環船，不是「平均而言」的情況。那我們就要看看每年的歷史資料：

Annual issuer-weighted corporate default rates by alphanumeric rating, 1983-2018
In percent

	Aaa	Aa1	Aa2	Aa3	A1	A2	A3	Baa1	Baa2	Baa3	Ba1	Ba2	Ba3	B1	B2	B3	Caa1	Caa2	Caa3	Ca-C	IG	SG	All
1983	0.00	0.00	0.00	0.00	0.00	0.00	0.00	0.00	0.00	0.30	0.00	0.00	3.08	1.01	0.00	6.52		42.31			0.00	4.06	0.90
1984	0.00	0.00	0.00	0.00	0.00	0.00	0.00	0.00	0.00	1.83	0.00	1.67	0.00	6.40	0.00	3.33		18.18			0.18	3.13	0.87
1985	0.00	0.00	0.00	0.00	0.00	0.00	0.00	0.00	0.00	0.00	0.00	0.00	1.64	1.15	4.93	5.56	14.21	6.67			0.00	3.77	0.95
1986	0.00	0.00	0.00	0.00	0.00	0.00	0.00	0.00	0.00	0.81	1.94	1.23	1.10	4.00	8.66	7.14	15.90	17.11			0.21	6.16	1.83
1987	0.00	0.00	0.00	0.00	0.00	0.00	0.00	0.00	0.00	0.00	5.05	0.93	3.13	4.17	5.56	8.20	10.16				0.00	4.31	1.42
1988	0.00	0.00	0.00	0.00	0.00	0.00	0.00	0.00	0.00	0.00	0.00	2.77	4.24	4.46	11.27	10.53				50.00	0.00	3.85	1.39
1989	0.00	0.00	0.00	1.08	0.00	0.00	0.00	0.00	0.74	0.80	1.82	4.60	6.70	5.30	13.45	21.43					0.25	5.91	2.22
1990	0.00	0.00	0.00	0.00	0.00	0.00	0.00	0.00	0.00	0.96	1.08	5.84	3.96	6.86	16.72	25.21	45.16			33.33	0.06	10.54	3.57
1991	0.00	0.00	0.00	0.00	0.00	0.00	0.00	0.70	0.00	0.00	1.05	0.00	7.22	7.46	7.16	30.14	15.90			16.67	0.06	10.52	2.80
1992	0.00	0.00	0.00	0.00	0.00	0.00	0.00	0.00	0.00	0.00	0.00	0.00	0.76	1.44	1.41	23.32		18.41		7.69	0.00	4.93	1.34
1993	0.00	0.00	0.00	0.00	0.00	0.00	0.00	0.00	0.00	0.00	0.00	1.03	0.00	0.79	2.81	1.35	12.00	14.43	9.09	7.14	0.00	3.40	0.90
1994	0.00	0.00	0.00	0.00	0.00	0.00	0.00	0.00	0.00	0.00	0.00	0.00	0.00	2.71	9.50		5.10			7.14	0.00	2.34	0.65
1995	0.00	0.00	0.00	0.00	0.00	0.00	0.00	0.00	0.00	0.00	0.00	0.00	0.68	3.73	5.71	1.95	6.14	25.07			0.00	3.06	0.93
1996	0.00	0.00	0.00	0.00	0.00	0.00	0.00	0.00	0.00	0.00	0.00	0.00	0.60	3.75	3.93	10.73	5.88				0.00	1.65	0.51
1997	0.00	0.00	0.00	0.00	0.00	0.00	0.00	0.00	0.00	0.00	0.00	0.00	0.46	0.35	0.50	7.07	7.99	15.19			0.00	1.80	0.62
1998	0.00	0.00	0.00	0.00	0.00	0.00	0.00	0.00	0.00	0.00	0.29	0.00	1.16	1.57	2.82	4.08	4.96	8.76	37.50	5.09	0.03	3.02	1.13
1999	0.00	0.00	0.00	0.00	0.00	0.00	0.00	0.00	0.00	0.30	0.47	0.92	2.67	3.31	4.06	8.32	9.82	24.08	14.43	18.96	0.03	5.35	2.12
2000	0.00	0.00	0.00	0.00	0.00	0.00	0.00	0.00	0.27	0.87	0.48	1.97	2.53	1.55	4.00	11.36	13.40	25.31	18.74	17.19	0.13	6.07	2.45
2001	0.00	0.00	0.00	0.00	0.00	0.41	0.00	0.27	0.25	0.00	0.00	0.99	2.61	3.53	9.56	14.42	25.56	27.23	38.52	33.60	0.12	9.51	3.67

Source: Moody's Investors Service

Annual issuer-weighted corporate default rates by alphanumeric rating, 1983-2018 (continued)
In percent

	Aaa	Aa1	Aa2	Aa3	A1	A2	A3	Baa1	Baa2	Baa3	Ba1	Ba2	Ba3	B1	B2	B3	Caa1	Caa2	Caa3	Ca-C	IG	SG	All
2002	0.00	0.00	0.00	0.00	0.00	0.00	0.43	0.98	0.90	1.17	2.08	1.13	1.00	1.92	4.76	6.97	18.34	21.68	31.35	37.96	0.48	7.63	2.91
2003	0.00	0.00	0.00	0.00	0.00	0.00	0.00	0.00	0.00	0.54	0.63	1.41	0.71	2.56	4.98	9.47	23.45	27.17	27.89		0.00	5.31	1.84
2004	0.00	0.00	0.00	0.00	0.00	0.00	0.00	0.00	0.00	0.00	0.00	0.99	0.00	0.57	2.17	7.46	8.68	11.91	27.26	0.00	2.41	0.83	
2005	0.00	0.00	0.00	0.00	0.00	0.00	0.00	0.00	0.22	0.29	0.00	0.00	0.00	0.51	1.96	5.05	4.85	21.37	13.44	0.00	1.72	0.64	
2006	0.00	0.00	0.00	0.00	0.00	0.00	0.00	0.00	0.00	0.00	0.66	0.65	0.31	2.06	2.33	7.49	13.17	14.06	0.00	1.67	0.59		
2007	0.00	0.00	0.00	0.00	0.00	0.00	0.00	0.00	0.00	0.00	0.00	0.00	0.00	1.81	10.38	7.02	41.04	0.00	0.94	0.35			
2008	0.00	0.00	0.00	1.49	1.02	0.00	0.97	1.38	0.61	0.90	2.86	3.50	3.06	3.64	4.61	5.88	17.41	35.32	42.40	0.62	5.42	2.49	
2009	0.00	0.00	0.00	0.00	0.00	0.00	0.00	0.00	0.91	1.42	3.74	2.98	5.36	6.96	8.71	14.86	23.56	35.43	49.45	1.05	12.10	4.99	
2010	0.00	0.00	0.00	0.00	0.31	0.00	0.22	0.00	0.00	0.25	0.00	0.50	0.00	0.86	0.00	0.28	1.75	7.23	22.90	26.14	0.10	3.01	1.23
2011	0.00	0.00	0.00	0.42	0.00	0.00	0.00	0.00	0.00	0.00	0.56	0.00	0.09	0.47	0.52	1.95	7.56	15.97	21.90	0.19	2.03	0.92	
2012	0.00	0.00	0.00	0.00	0.00	0.00	0.22	0.00	0.00	0.00	0.41	0.00	0.76	0.76	2.13	10.06	17.26	43.76	0.06	2.71	1.21		
2013	0.00	0.00	0.00	0.00	0.00	0.00	0.22	0.00	0.16	0.19	0.00	0.00	1.57	0.71	1.22	0.85	2.26	6.52	10.36	57.97	0.10	2.63	1.23
2014	0.00	0.00	0.00	0.00	0.40	0.00	0.00	0.00	0.00	0.18	0.00	0.00	0.36	0.35	1.06	0.23	2.18	4.11	11.15	26.23	0.06	1.98	0.96
2015	0.00	0.00	0.00	0.00	0.00	0.00	0.00	0.00	0.00	0.00	0.89	0.00	0.00	0.70	3.29	2.88	4.06	5.15	14.34	36.60	0.00	3.66	1.75
2016	0.00	0.00	0.00	0.00	0.00	0.00	0.00	0.00	0.00	0.00	0.00	0.00	0.40	1.03	1.02	2.36	3.77	5.05	19.36	48.38	0.00	4.48	2.15
2017	0.00	0.00	0.00	0.00	0.00	0.00	0.00	0.00	0.00	0.00	0.41	0.36	0.00	0.40	0.85	1.44	4.85	16.30	32.69	0.00	3.39	1.54	
2018	0.00	0.00	0.00	0.00	0.00	0.00	0.00	0.00	0.00	0.00	0.00	0.00	0.00	1.13	0.58	1.41	1.65	14.15	30.66	0.00	2.31	1.12	
Mean	0.00	0.00	0.00	0.08	0.05	0.02	0.04	0.12	0.16	0.31	0.48	0.69	1.52	2.39	3.20	7.47	14.30	26.10	0.09	4.32	1.50		
Median	0.00	0.00	0.00	0.00	0.00	0.00	0.00	0.00	0.00	0.00	0.00	0.00	0.89	1.49	2.03	4.97	10.27	26.18	0.02	3.53	1.23		
St Dev	0.00	0.00	0.00	0.31	0.19	0.08	0.14	0.30	0.34	0.52	0.65	1.15	1.68	2.45	3.45	7.45	14.30	16.67	0.14	2.57	1.03		
Min	0.00	0.00	0.00	0.00	0.00	0.00	0.00	0.00	0.00	0.00	0.00	0.00	0.00	0.00	0.00	1.41	1.65	7.02	0.00	0.94	0.35		
Max	0.00	0.00	0.00	1.49	1.02	0.41	0.69	1.02	1.38	1.94	5.05	5.84	7.22	8.66	16.72	30.14	25.56	45.16	55.16	63.81	0.62	12.10	4.99

Source: Moody's Investors Service

1983-2018每年公司違約率統計

在 1983 至 2018 的 36 年間，表現最差的是 2008 或 2009 年金融風暴期間，投資級別債券的平均違約率為 0.62%，非投資級別則為 12.1%，Caa3 以下級別則達至驚人的 55.43% 至 63.81%。怎樣去判斷這些數字見人見智，但起碼我們可以對較差的經濟情況有一個大致的估算，而不是談虎色變，卻根本不知道這隻老虎有多大多兇。當然，如果有人硬要說 2008-2009 金融風暴不算最壞情形，將來的最壞情況還要再差十倍，筆者也不會強辯，但如果真有這樣的末日，應該有更重大的事情要擔憂吧，例如炮火戰亂大飢荒逃命之類的。

還有一點不要忘記，債券違約一般不會 Total Lost，以最常見的 Senior Unsecured Bond 為例，Recovery Rates 統計如下：

Average senior unsecured bond recovery rates by year prior to default, 1983-2018*

	Year 1	Year 2	Year 3	Year 4	Year 5
Aaa**		3.3%	3.3%	61.9%	69.6%
Aa	37.2%	39.0%	38.1%	44.0%	43.2%
A	30.4%	42.6%	45.0%	44.5%	44.2%
Baa	42.9%	44.2%	44.0%	43.9%	43.6%
Ba	44.6%	43.3%	42.2%	41.8%	41.9%
B	37.7%	36.9%	37.4%	37.9%	38.5%
Caa_C	38.6%	39.0%	39.1%	39.5%	39.7%
IG	40.0%	43.3%	44.0%	44.1%	43.9%
SG	38.7%	38.6%	38.7%	39.1%	39.5%
All Ratings	38.7%	38.8%	39.1%	39.5%	39.9%

*Issuer-weighted, based on post default trading prices.
**The Aaa recovery rates are based on five observations, three of which are Icelandic banks that have an average recovery rate of 3.33%.

1983-2018 Recovery Rates of Senior Unsecured Bond

基本上，不同年期的非投資級別債券違約後，本金償還價值平均都接近四成水平。計及償還價值，投資者的信用損失比率（Credit Loss Rates）統計如下：

Average cumulative credit loss rates by letter rating, 1983-2018*					
	Year 1	Year 2	Year 3	Year 4	Year 5
Aaa	0.00%	0.01%	0.01%	0.01%	0.02%
Aa	0.01%	0.04%	0.07%	0.11%	0.17%
A	0.04%	0.10%	0.19%	0.30%	0.43%
Baa	0.10%	0.25%	0.42%	0.63%	0.85%
Ba	0.48%	1.40%	2.53%	3.72%	4.75%
B	2.06%	4.97%	7.87%	10.45%	12.72%
Caa_C	5.95%	10.57%	14.51%	17.74%	20.46%
IG	0.05%	0.14%	0.24%	0.37%	0.51%
SG	2.52%	5.14%	7.61%	9.76%	11.57%
All Ratings	1.00%	1.99%	2.90%	3.66%	4.28%

* Based on average default rates and senior unsecured bond recoveries measured on issuer-weighted basis.
Source: Moody's Investors Service

1983-2018平均信用損失比率統計表

如果沒有理解錯的話，上表就是說如果計及償還價值，非投資級別債券平均五年本金累積損失11.57%，每年大約2.3%。接下來，我們再看看每年的Credit Loss Rates的變化趨勢：

Annual Credit Loss Rates By Letter Rating, 1983-2018*

Year	Aaa	Aa	A	Baa	Ba	B	Caa_C	IG	SG	All Ratings
1983	0.00%	0.00%	0.00%	0.00%	0.55%	1.09%	20.01%	0.00%	1.92%	0.43%
1984	0.00%	0.00%	0.00%	0.32%	0.26%	2.70%	9.20%	0.09%	1.58%	0.44%
1985	0.00%	0.00%	0.00%	0.00%	0.95%	2.91%	2.66%	0.00%	1.50%	0.38%
1986	0.00%	0.00%	0.00%	0.43%	1.17%	5.22%	8.48%	0.10%	3.06%	0.91%
1987	0.00%	0.00%	0.00%	0.00%	1.10%	1.97%	3.56%	0.00%	1.56%	0.52%
1988	0.00%	0.00%	0.00%	0.00%	0.74%	3.25%	6.85%	0.00%	2.11%	0.76%
1989	0.00%	0.28%	0.00%	0.30%	1.67%	4.26%	11.47%	0.14%	3.33%	1.26%
1990	0.00%	0.00%	0.00%	0.16%	2.93%	8.50%	27.15%	0.04%	6.52%	2.21%
1991	0.00%	0.00%	0.00%	0.16%	2.43%	8.38%	9.72%	0.04%	5.76%	1.77%
1992	0.00%	0.00%	0.00%	0.00%	0.17%	3.75%	8.38%	0.00%	2.51%	0.68%
1993	0.00%	0.00%	0.00%	0.00%	0.39%	2.75%	8.51%	0.00%	2.14%	0.56%
1994	0.00%	0.00%	0.00%	0.00%	0.00%	1.94%	2.49%	0.00%	1.08%	0.30%
1995	0.00%	0.00%	0.00%	0.00%	0.14%	2.11%	5.46%	0.00%	1.61%	0.47%
1996	0.00%	0.00%	0.00%	0.00%	0.00%	0.56%	3.72%	0.00%	0.61%	0.19%
1997	0.00%	0.00%	0.00%	0.08%	0.08%	0.88%	4.02%	0.00%	0.89%	0.27%
1998	0.00%	0.00%	0.00%	0.07%	0.55%	2.28%	5.00%	0.02%	1.83%	0.68%
1999	0.00%	0.00%	0.00%	0.06%	0.85%	3.11%	9.40%	0.02%	3.32%	1.31%
2000	0.00%	0.00%	0.00%	0.26%	1.09%	4.18%	13.58%	0.10%	4.60%	1.86%
2001	0.00%	0.00%	0.12%	0.14%	0.92%	7.24%	22.71%	0.10%	7.57%	2.89%
2002	0.00%	0.00%	0.11%	0.71%	0.99%	3.21%	18.72%	0.30%	5.38%	2.06%
2003	0.00%	0.00%	0.00%	0.00%	0.52%	1.56%	11.69%	0.00%	3.09%	1.07%
2004	0.00%	0.00%	0.00%	0.00%	0.18%	0.38%	5.42%	0.00%	1.15%	0.40%
2005	0.00%	0.00%	0.00%	0.07%	0.00%	0.57%	3.20%	0.03%	0.78%	0.29%
2006	0.00%	0.00%	0.00%	0.00%	0.09%	0.48%	2.60%	0.00%	0.75%	0.27%
2007	0.00%	0.00%	0.00%	0.00%	0.00%	0.00%	2.26%	0.00%	0.44%	0.16%
2008	0.00%	0.34%	0.27%	0.68%	1.56%	2.59%	7.12%	0.41%	3.60%	1.66%
2009	0.00%	0.00%	0.15%	0.59%	1.12%	4.51%	16.43%	0.27%	7.65%	3.15%
2010	0.00%	0.00%	0.08%	0.04%	0.00%	0.19%	4.17%	0.05%	1.48%	0.61%
2011	0.00%	0.11%	0.00%	0.21%	0.09%	0.20%	3.50%	0.11%	1.19%	0.54%
2012	0.00%	0.00%	0.00%	0.04%	0.08%	0.31%	4.33%	0.02%	1.54%	0.69%
2013	0.00%	0.00%	0.05%	0.07%	0.32%	0.50%	3.42%	0.05%	1.44%	0.68%
2014	0.00%	0.00%	0.05%	0.09%	0.08%	0.26%	2.47%	0.03%	1.05%	0.51%
2015	0.00%	0.00%	0.00%	0.00%	0.18%	1.49%	4.12%	0.00%	2.38%	1.09%
2016	0.00%	0.00%	0.00%	0.00%	0.09%	1.07%	6.12%	0.00%	3.07%	1.48%
2017	0.00%	0.00%	0.00%	0.00%	0.11%	0.20%	3.30%	0.00%	1.52%	0.74%
2018	0.00%	0.00%	0.00%	0.00%	0.00%	0.29%	2.56%	0.00%	1.18%	0.57%

* Based on issuer-weighted annual default rates and senior unsecured bond recoveries measured on issuer-weighted basis.
Source: Moody's Investors Service

1983-2018 每年信用損失比率統計表

基本上，近幾年 Credit Loss Rates 都維持在低位。

但這裏有一個陷阱，但凡一間公司違約，一定不會無緣無故，出事前一定已有不少負面消息，或業績倒退、或錄得巨大虧損、或行業不景氣等等，在負面消息公佈後，評級機構一定第一時間將其評級降低。負面消

息愈多，評級降得愈低。到公司真的違約了，其實公司的評級早已不是你當初買入的級別了。

所以，評級機構的評級只能作為參考，定期檢閱自己的組合內個別債券的基本因素有否轉變是必要的。但怎樣去檢討組合是一回事，整體的風險評估是另一回事，這還是要靠評級機構的統計。在債券評級變動的趨勢方面，下圖統計了 2018 年債券評級的變化：

2018 one-year alphanumeric rating migration rates

Source: Moody's Investors Service

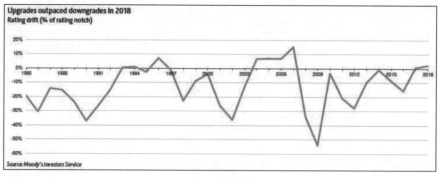

2018年債券評級變化

在2018年，獲得升級的債券總體數目超過了降級數目。

以筆者自己的組合來說（可參閱筆者的Blog http://laxinvest.blogspot.com/），在一些人的標準中並不算低風險。但是，風險水平通常是相對而不是絕對的，A的高風險，可能是B的低風險。而且，高收益債券（另一名稱為垃圾債券）當然一定有其風險，否則不可能有其高收益，重要的是認識其風險所在及衡量自己能力。

以債券的信用風險來說，除了王道的資產配置外，評估以往不同的投資環境對投資組合回報產生的影響，再以自己的實力，通過選債與定期檢討的過程，爭取低於平均值的違約率與高於平均值的違約償還率，從而獲取高於平均值的純回報率，這才是正視與應對風險的態度。

至於分析公司與財報方面，筆者沒有甚麼獨到之秘。而即使是用相同的分析方法去分析同一間公司，不同人都可能有不同看法，甚至同一份財報，不同的人看也有不同結論。總之，投資並沒有甚麼絕對的公式與道理，只要選擇自己熟悉的領域，並承擔自己可以負擔的風險就可以了。

股票投資必勝秘笈

大部份香港人一說投資,第一個感覺就是買股票,幾乎「股票」就等於投資了。也難怪,無論電視、收音機、還是報紙傳媒,投資欄目充斥著股市分析、後市上落,股票號碼漫天飛。資訊一面倒的環境下,其外的投資工具資訊可謂鳳毛麟角。

以前,星期六早上九時許,筆者也是慣性打開收音機,聽到的是石X泉、鄺X彬的「投資新世代」,到十一時,轉到另一台,則是X叔的「考股專家」。整個星期六上午,筆者只要不是出外,這些「Phone-in」的財經節目就會環繞在屋子裏。至於星期一至五白天在家的時間,電台頻道通常會轉到財經台,這已是筆者多年來養成的習慣。其實通常筆者都不會認真去聽,只當成背景音樂,純粹是十多年來養成的習慣而已。

不知為甚麼,筆者很喜歡聽電台的「Phone-in」財經節目,覺得娛樂性豐富,那些散戶或心急如焚、或驚恐萬分、或猶猶豫豫,拿著一個或數個 Number,以向黃大仙求籤的姿態向那些財演,哦不,是股評人求助。然後股評人可以立即說出該股份的基本因素,再訂出買入價或沽出價等等。

初出茅蘆時,筆者都與那些散戶心態一樣,覺得股評人好厲害,問甚麼股份都好像是那間公司的專家一樣,隨口就答得頭頭是道。現在當然知道他們怎麼做到的,舉例:

「X大師X大師，688中國海外現在可買嗎？」

「內地經濟前景仍弱，即使樓市反彈，相信資金都是追逐有規模及質素較佳的內房為主，688屬於這一種。如果你對中國房地產長期前景仍看好，可考慮逢低吸納。但基於最近升勢太急，可以等佢跌到24元左右買入，短期目標價30元，跌穿22蚊止蝕。」

「X大師X大師，3988中國銀行前景如何？」

「人民銀行剛宣布降準共1個百分點，短期利好中資銀行股，但中長期仍要視乎中美貿易戰發展。如果你對貿易戰的發展樂觀的，可候低在3.3元左右入，短期目標價4元，止蝕價2.9元。」

好像講得似模似樣？其實，你只要即時上AAStock或其他任何一個報價網站，找到該股份的新聞，再打開一年股價圖，找到近期股價支持與阻力位，就可以在完全沒有研究下作出以上答覆。

而大市升跌方面，更可以答一些諸如「大市如果升穿並企穩在二萬八以上，就可向上挑戰二萬九；如果跌穿二萬七，就可能要跌到二萬六的支持位，最要緊是量力而為……」這種廢話中的廢話，其不環保的程度簡直令人目瞪口呆。

其中某股評人，一收到某股已虧蝕很多、需不需要止蝕沽出的求救電話，一律叫對方炒波幅，例如候 188 元買入，200 元沽出，如此來回炒幾次已可回本。問題是，如果該散戶有時間兼有能力炒波幅的話，根本就不需打這個電話求救。而且同一隻股份，該股評人上星期的波幅是 188 至 200 元，下星期已變成 177 至 188 元，真是令人無所適從。

靠道聽途說、或以報紙新聞／股評人推介來炒股票的朋友，筆者認識的有好多個，無一例外沒有人能在股票市場上長期獲利，多年征戰下來，帳面一定是輸的，只差在輸得多還是輸得少而已。

例如筆者已過身的外母，據聞以前家裏電視長期設定在 Now 財經台，她在生時筆者曾經與她論股，筆者説一個 Number，她幾乎都可以隨口説出該上市公司名字、價位與基本業務，琅琅上口，但是對公司市盈率、市帳率、息率與負債比率等等卻不甚了了。外母最後一次輸了近百萬港元後，在家人壓力下終於戒賭──哦，筆者意思是戒了炒股。

道聽途說 注定難長遠獲利

但是筆者又很明白他們的心理，因為筆者也曾經是其中的一份子。曾幾何時，筆者也努力研究上市公司的年報，甚至報名上課學習研究公司業

務（是最便宜的X聯會課程，不是現在動輒數萬元的大師班），深切明白做一個所謂價值投資者對散戶是一種怎樣的折磨——要讀懂公司的經營狀態、行業的環境、公司的內在價值、甚至政府的相關政策等等，需花上極多時間作研究工作。這是一份極其費時、枯燥、要求高智力勞動的長期工作，不可能不勞而獲、坐享其成。試問白天上班、晚上照顧家庭，還要兼顧休息與娛樂的一般散戶，如何還會有如此心力？

筆者有一個全職做公司會計的朋友，在這行業已廿多年了。當年他與筆者同期一起開始投資股票，到了現在筆者投資的重心早就離開了香港股市，他仍在股海中浮浮沉沉。他炒股的方法與普通散戶沒有分別，喜愛靠傳媒的推介買入二三線股，這麼多年來的成績在筆者看來算是極差：輸多贏少，前幾年還欠證券行百多萬Margin數。筆者很好奇地問過他為甚麼不用自己的專業去研究股票，以他這麼多年的會計知識與經驗，研究公司年報是輕而易舉的事。他的答案是：

「就是因為我是做會計的，所以根本不相信上市公司的會計報告。那些會計數字與損益可以根據老闆心意左挪右挪，以很多會計方法遮蓋真相，想怎樣就怎樣，根本信不過！」

這種說法，其實不止他一個專業會計人員對筆者說過。

我明白我明白，就像筆者知道很多從事IT行業的朋友，經常投資股票，卻從來沒有投資過資訊科技股，就是太了解資訊科技的飛速發展帶來的不穩定性。當年叱咤一時的Yahoo、Nokia、ICQ，如今安在？所以他們會錯過騰訊、錯過Facebook、錯過Google……但是，當騰訊還是幾元的時候，只是一隻普通科技股，擁有市佔率的只有QQ（如今還有人玩QQ嗎？），還要面對MSN Messenger與奇虎公司的正面威脅。之後騰訊以WeChat打開局面，脫穎而出與阿里巴巴一齊雄霸中國市場，筆者不相信中國政府在背後沒有特別支持，這些是價值投資可以預見的嗎？一些價值投資者經常以騰訊為例說明長線投資的成功之處，這是真的嗎，還是馬後炮的一種？

價值投資有其可取之處，有很多人（包括很多Bloggers）「自稱」依此而使投資組合每年有百分之十五以上的增長，何況還有股神巴菲特的背書。但重申一次，這是一份極其枯燥費時的智力勞動工作，是一份長期兼職，一般人真的做得到嗎？

價值投資法作為王道之法，則行此策略之人何止千萬，有前途的企業大多早已被炒上，筆者有理由懷疑無論是香港股市還是台灣股市，未被發

掘的潛力股還剩下多少？而要在千多隻股票中再尋找潛力股，除需要大量的時間與精力去研究公司業務外，還要識破會計報表中不盡不實之處。要揭開數字背後隱藏的真相，對毫無會計背景的散戶來説幾乎是不可能的任務。

好，就算好不容易給你找到一檔潛力股，該股前景秀麗、財務穩健、潛在價值大大低於股價，你還要擔心管理層的質素。特別是中資公司、家族生意、或中資家族生意公司，我們難保老闆、大股東或管理層三不五時地或挪用資金、或中飽私囊、或不務正業、或以對沖藉口去炒燶期油。如果你相信上市公司老闆會照顧小股民，我只能説一句：「少年，你太年輕了！」所謂「大股東與小股東的利益是一致的」這種話，就像「一國兩制不變形、不走樣」或「內地法制健全、陽光司法」這種口號一樣，只有蠢人才會無條件相信。

結果，就算做了多少功課，沒有內幕資料，一般人最後還是得去「估」這企業是否值得信任，所以股票與「估票」同音。而且，現時香港股市太多中資背景的股票，而中資民企或國企老闆的誠信度大家應該心裏有數。相對而言，為何投資美股的人較少這種擔心？其中一個原因，筆者估計是因為馬雲夠膽公開説：「假貨比真貨更好！」，而朱克伯格不敢公開説：「Facebook絕不會產生私隱問題！」

有人說，揀選那些沒有單一大股東、由專業團隊管理的企業，例如滙豐控股，不就行了？問題是，這種企業大多好像滙控那樣的規模，請問滙控的業務，有誰夠膽說自己有能力了解透徹？

然後，有些天才就想到，自己沒有能力，股評人又信不過，不如交給真正的專家去幫忙管理。這令筆者想起一九九七年金融風暴期間，老媽教訓當時入世未深、股齡極淺的筆者的一席話：

「兒子，你有買股票嗎？千萬不要啊，很危險的！」

「你自己之前不是也買了嗎？」

「我不一樣呀！」

「有甚麼不一樣？」

「我是把錢託給ＸＸＸ幫我投資股票，不會虧錢的！」（ＸＸＸ是老媽子視為股票專家的一位朋友，職業是股票經紀）。

「現在正值股災呀！他幫你買了甚麼股票，這麼厲害不會虧錢？」

「我不知道，不過他投資的不是大型藍籌股，所以不會跌的！」

「你有問過他嗎？」

「……」

當然，事後查明，該專家幫老媽操盤的股票當時跌了接近八成！由此可見，散戶對專家的信心，是到達相信買股票遇大股災都不會輸錢的飛行高度。這種心理，滋生了一門暴利的行業——開放型基金！

開放型股票基金的缺點罄竹難書，包括百分之九十以上的開放型基金明明跑輸大市，卻收取昂貴的交易成本，包括認購費、管理費、贖回費、轉換費、行政費、分銷費、績效費等林林總總。基金經理贏時收錢，輸時也收錢，上下其手之餘，甚至可以製造盈利的錯覺（每年基金的「粉飾櫥窗」動作就是其中之一）。

推而論之，可以想像香港政府推行的強積金是何等的惡政，竟強逼所有僱主與打工仔一定要購買高收費、低績效的基金！強積金內的基金由於壟斷封閉的關係，無論收費或表現都比市場上的開放型基金更加差劣，等於把打工仔的血汗錢每月捐獻給那些已經肚滿腸肥的基金公司與基金經理，簡直是赤裸裸的利益輸送！至於現在爭取的甚麼取消對沖機制，只是枝節末葉而已。

第一桶金投資 宜安全穩定

話說遠了，說回散戶投資股票的安身立命之法。股評人信不過、自己無能力做研究、買開放型基金又會變成豬，可以怎樣？有些人選擇指數ETF，例如2800盈富基金，認為這是最適合一般人的做法，因為恒指本身就有汰弱扶強的機制。此法的缺點是不能投資到真正的增長股，只能跟貼大市的漲跌幅。但既然百份之九十以上的主動式開放型基金都跑輸大市，換言之這種方法已能跑贏百份之九十的投資人。而且，就算最厲害的價值投資者，其實長期回報也只能勝過指數一點點。

可是，如果追求穩定的現金流投資，指數ETF也不是好的方法。尤其香港股市，老千股太多，增長股太少，大鱷橫行、陷阱處處，又受太多不穩定因素影響。回報不知高不高，但風險肯定高，就算是真正的價值投資者，處身其中太久也可能中招。所謂「獵犬終須山上喪、將軍難免陣中亡」。這種市場，如果資產少而想在短時間內賺價而放手一博，並有輸光的心理準備，無可厚非。但筆者個人認為，如果你已有第一桶金（無論是工作所得還是在股市中賺到），實在應該明哲保身、及時抽身，將重心轉投安全穩定、不用太多心思打理監察、不用每天擔驚受怕、兼且定時都有現金流流入的投資工具，方為上策。

結語

所謂懶系投資法，說穿了其實就是現金流投資法，關注的重點不在於資產增值、資產利得甚至投資績效，而是如何在可控的風險下實現的現金流效率與穩定性。要衡量一件資產的真正價值，不是看供求、不是看歷史價格、不是看圖表，而是視乎其帶來的現金流效率。只要長期現金流效率符合預期，就是值得擁有的資產。

在撰寫此書的過程中，筆者發現可以寫的實在太多，每種現金流工具皆有其特色，每種都可以獨立成書，要在一本書內全部寫完，根本是不可能的任務。甚至有一些此書完全沒有提到過的工具，例如債券ETF、高息公用股等，其實也是很好的現金流工具。篇數所限，筆者只能選擇幾種自己較常用的工具來分享，並主要以心法為主，淺談即止。至於較深入的研究與實戰心得，已不可能在此書中詳細介紹，不過大家可在筆者的部落格（Blog）內找到，未來也會通過部落格繼續分享。

但是，所謂「一理通、百理明」，工具只是招式，投資者也沒有可能熟悉全部招式，最最重要的，還是投資的理念與心法。只要明白了懶系投資法的理念、掌握了心法，再挑選研究適合自己的幾樣工具，通過實戰拿取經驗，加上適當的資產配置，自然就水到渠成了。

說到資產配置，香港也有很多聲稱重視現金流、以收息為主、講求資產配置的投資者，可是筆者發現他們的資產配置，除房產外幾乎都是以港

股為主。筆者不明白，如果追求穩定現金流，為何一定要只選擇股票呢？在固定與穩定收益資產類中，股票幾乎是波幅最大的投資工具呀！太古、長建、新地、領展、滙控、信置、中銀、恒生、友邦、建行，無可否認都是防守性充足的股票，但不等於在股災中就能倖免。它們的平均波幅，其實與大市也差不了多少，如果一方面重視資產配置，另一方面卻將投資全放在單一市場、單一資產上，這是資產配置嗎？

歸根究底，就是社會傳媒只鼓勵炒賣，股市獨大，對其他投資工具避而不談，令人錯覺只有股市才是投資。而不肯衝出香港或台灣市場的另一個理由，就是不熟悉、隔山買牛的感覺，所謂離開本地看不到的，就不在能力圈內。其實在這個網路世界上，資訊只有過多、不會缺乏，要分析又有何難？以美國來說，美股公司我們耳熟能詳的比比皆是，Apple、Microsoft 等投資級別公司固然知道，即使是垃圾級別、沒甚麼人聽過的 Yum! Brands Inc.，旗下的肯德基、必勝客等連鎖餐廳也很熟悉吧，怎會看不到？

退一步說，就算天天看到，真等於熟悉嗎？沒聽過的公司，上網看一下公司背景及財力、然後定時留意有關新聞都是輕而易舉的。再者，投資者覺得本地公司較熟悉安心，只是因為天天都可以在媒體上接觸到該公司的消息，但你聽到的，大部份是消息，還是噪音？

執筆之時，正值香港反送中修例運動如火如荼的時候。由於香港政府與

特首在運動初期極度傲慢、處理失當、強逆民意、一意孤行，致使局勢一發不可收拾，社會分化對立嚴重。筆者相信風波總有平息的一天，但只要香港的管治不變，其政經風險就有很多不明朗因素。

其實在香港百萬人示威前，筆者手機上全部投資群組，包括台灣、新加坡、美股、英股、固定收益群組的人，也就是香港人眼中的外資，都在討論這件事，討論點是怎樣盡快將手頭上的香港股票全部清倉。大家的共識是如果修訂逃犯條例通過，未來都不會再投資在任何香港資產上，因為政經風險實在太高！可悲的是，當時筆者不認為這次恐慌是沒理由、不理性的！

你還在將自己的資產限制在香港股市嗎？

所以，就算是固定收益資產為主，筆者也鼓勵在自己的能力範圍內，進行資產配置，包括資產類別與地區上的配置。但有一點需要記住，現金流能力強、風險低、波幅低、資產可抗通脹、技術要求簡單的投資工具當然是上上之選，可惜，這世界沒有完美的事，自然也沒有這麼完美的工具。所以，投資者應該依照自己的能力、性格去尋找與選擇適合自己的投資工具（全部擅長是沒有甚麼可能啦），取長補短，以組合形式達到目標。

祝　早日贖回自己的時間！

懶系資源篇

美國公司債券查詢
http://finra-markets.morningstar.com/MarketData/CompanyInfo/default.jsp
http://markets.businessinsider.com/bonds/finder
https://www.boerse-berlin.com/index.php/Bonds

優先股 /ETD 查詢
http://quantumonline.com/
https://www.dividend.com/dividend-stocks/preferred-dividend-stocks.php
https://innovativeincomeinvestor.com/list-of-baby-bonds/
https://www.preferredstockchannel.com/
https://www.emega.com.tw/emegaAbroad/financialTool.do

公司背景查詢
https://money.moneydj.com/us/basic/basic0001
https://www.mg21.com/

公司財務狀況
http://www.morningstar.com/stocks/xnas/ftr/quote.html
https://www.marketwatch.com/investing/stock/ftr

歷史股息/ 利息查詢
http://www.dividend.com/
https://www.dividendchannel.com/

公司新聞與投資分析
https://seekingalpha.com/

評級網站

https://www.moodys.com/

https://www.standardandpoors.com/en_US/web/guest/home

封閉型基金（CEF）網站

https://www.cefconnect.com/

新加坡 REITs 資訊

https://www2.sgx.com/

http://www.sharesinv.com/

優先股的查詢代號一覽表

https://shawntsai.blogspot.com/2017/03/blog-post.html

美國網上證券商網站

http://www.interactivebrokers.com

https://www.tdameritrade.com/zh_TW/home.page

https://www.firstrade.com/content/zh-tw/welcome

https://www.schwab.com.hk

https://chinese.sogotrade.com/Default.aspx

IB 操作常見問題與解答

https://zhuanlan.zhihu.com/IB-trader-Club

http://asam15.blogspot.com/2017/06/ib-q-6202017updated.html

債券計算機

http://knowpapa.com/durc/

Wealth 107

懶系投資法

作者	風中追風
出版經理	呂雪玲
責任編輯	Ada Wong
書籍設計	Kathy Pun
相片提供	Getty Images
出版	天窗出版社有限公司 Enrich Publishing Ltd.
發行	天窗出版社有限公司 Enrich Publishing Ltd.
	香港九龍觀塘鴻圖道 78 號 17 樓 A 室
電話	(852) 2793 5678
傳真	(852) 2793 5030
網址	www.enrichculture.com
電郵	info@enrichculture.com
出版日期	2019 年 8 月初版
	2019 年 10 月第二版

承印	嘉昱有限公司
	九龍新蒲崗大有街 26-28 號天虹大廈 7 字樓
紙品供應	興泰行洋紙有限公司
定價	港幣 $198　新台幣 $820
國際書號	978-988-8599-271
圖書分類	(1) 工商管理　(2) 投資理財

支持環保　此書紙張經無氯漂白及以北歐再生林木纖維製造，並採用環保油墨。